Boukar Michel

Modelação das emissões de CO_2

Boukar Michel

Modelação das emissões de CO_2

taxas de consumo de produtos petrolíferos no transporte rodoviário tchadien Prefácio de Monsieur TAMBA Jean Gaston

ScienciaScripts

Imprint
Any brand names and product names mentioned in this book are subject to trademark, brand or patent protection and are trademarks or registered trademarks of their respective holders. The use of brand names, product names, common names, trade names, product descriptions etc. even without a particular marking in this work is in no way to be construed to mean that such names may be regarded as unrestricted in respect of trademark and brand protection legislation and could thus be used by anyone.

Cover image: www.ingimage.com

This book is a translation from the original published under ISBN 978-620-6-72127-7.

Publisher:
Sciencia Scripts
is a trademark of
Dodo Books Indian Ocean Ltd. and OmniScriptum S.R.L publishing group

120 High Road, East Finchley, London, N2 9ED, United Kingdom
Str. Armeneasca 28/1, office 1, Chisinau MD-2012, Republic of Moldova, Europe
Printed at: see last page
ISBN: 978-620-8-10749-9

MODELAÇÃO DAS EMISSÕES DE CO_2 DEVIDAS AO CONSUMO DE PRODUTOS PETROLÍFEROS NOS TRANSPORTES RODOVIÁRIOS DO CHADE

BOUKAR MICHEL

Prefácio do Sr. **TAMBA Jean Gaston**
Professor titular - Universidade de Douala

PREFÁCIO

A tese de M. 22Boukar Michel sobre "Modelação das emissões de CO provenientes do consumo de produtos petrolíferos nos transportes rodoviários do Chade" é um estudo notável cuja publicação é de saudar como um contributo importante para evidenciar a dinâmica a curto e a longo prazo do consumo de produtos petrolíferos (super e gasóleo) nas emissões de CO no Chade, tendo em conta os preços dos produtos petrolíferos (super e gasóleo), o parque automóvel e a urbanização no Chade; 22prever as emissões de CO no Chade com base no consumo de produtos petrolíferos, nos preços dos produtos petrolíferos, no parque automóvel e na urbanização e, em última análise, ajudar os decisores políticos chadianos a formular políticas e medidas correspondentes para garantir um controlo eficaz das emissões de CO no país.

No final deste estudo, o Sr. Boukar Michel conseguiu atingir os quatro objectivos do seu estudo. Conseguiu evidenciar a dinâmica a longo e a curto prazo de todas as variáveis em estudo, e foi fornecida a análise causal existente entre as variáveis utilizadas no estudo. O Sr. Boukar Michel conseguiu prever as futuras emissões de dióxido de carbono e foram feitas recomendações públicas ao governo do Chade.

Esta obra, que foi elogiada por um prestigiado júri da Universidade de Douala e que está agora a ser publicada por estudantes universitários europeus, oferece ao autor todas as oportunidades para aceitar o desafio de uma carreira universitária promissora.

TAMBA Jean Gaston

Professor titular de Energia

Universidade de Douala

DEDICAÇÃO

A

O MEU MARAVILHOSO PAI BOUKAR VOUSOUMA MAURICE FALECIDO

EM 15 DE NOVEMBRO DE 2023, E QUE NÃO PÔDE VER O MEU TRABALHO.

AGRADECIMENTOS

A realização desta tese é fruto da conjugação de vários esforços. Este é, sem dúvida, o lugar para eu expressar os meus sinceros agradecimentos a todos aqueles que, de perto ou de longe, contribuíram para a realização deste trabalho científico. Em particular :

- Ao Professor ONDOA Magloire, Reitor da Universidade de Douala, por me ter proporcionado um ambiente de investigação estimulante e propício ao desenvolvimento intelectual.
- Ao Professor KWATO NJOCK, pela sua liderança e visão, que permitiram que a Ecole Doctorale des Sciences Fondamentales et Appliquées (EDOSFA) se tornasse um centro de excelência em investigação.
- À Coordenadora da Unidade de Formação Doutoral em Ciências Aplicadas (UFD-SCA), Professora TOMEDI EYANGO, pelo seu envolvimento na vida da UFD e pelo seu empenho no sucesso dos doutorandos.
- Ao meu orientador de tese, e também Coordenador do Laboratório de Transportes e Logística Aplicada (LTLA), Professor TAMBA Jean Gaston, que me deu

a honra de aceitar orientar este trabalho. Gostaria de expressar-lhe a minha profunda gratidão.

- Ao Presidente do Júri, que me deu a honra de presidir a esta apresentação.
- A todos os relatores e membros do júri, pelos seus valiosos comentários e contribuições, e que se darão ao trabalho de examinar este trabalho com o objetivo de contribuir para o seu aperfeiçoamento. Estou a pensar, em particular, em : O Pr. FOPAH-LELE Armand, o Pr. KOUMI NGOH Simon e o Pr. MOUZOUG PEMI Marcelin que me deram a honra de serem os relatores da minha tese, que se deram ao trabalho de me ouvir e discutir comigo. Os seus comentários permitiram-me olhar para o meu trabalho de um ângulo diferente. Por tudo isto, agradeço-lhes.
- Ao Dr. SAPNKEN Flavian Emmanuel, pelo seu apoio constante e pelo tempo precioso que me dedicou desde o início desta tese.
- A todos os meus professores da LTLA, pelo seu apoio incessante e pelos muitos conselhos que me deram para me ajudar a concluir este trabalho.
- Gostaria também de agradecer ao Sr. DANWE Raidandi, Coordenador da Unidade de Formação

Doutoral na Ecole National Supérieur Polytechnique de Maroua e Professor Catedrático na Universidade de Maroua, que me acolheu no seu laboratório durante dois anos. Graças a ele, pude combinar alegremente a investigação teórica e aplicada durante a minha investigação.

- MAHAMAT Barka, que me ensinou ótica e termodinâmica há 30 anos na Faculdade de Ciências Exactas e Aplicadas e, hoje, por ter aceitado fazer parte do júri da minha tese e pela sua participação científica e o tempo que dedicou à minha investigação.
- Gostaria também de aproveitar esta oportunidade para agradecer a Sua Excelência, o General MAHAMAT Idriss Deby ITNO, Presidente da Transição, Presidente da República do Chade, Chefe de Estado, por ter contribuído de várias formas para o sucesso desta tese.
- Gostaria também de agradecer ao Dr. DAVID Houndeigar, antigo Secretário-Geral da Presidência da República do Chade, que inspirou o título desta tese.
- Não posso esquecer a Sra. FATIMA Goukouni, Ministra dos Transportes, da Aviação Civil e da

Metrologia do Chade, pela sua inestimável ajuda na recolha de dados no seu Ministério, sem esquecer toda a sua equipa no Ministério pela sua inestimável assistência.

- Gostaria também de dizer um grande OBRIGADO à minha mulher Mariam Sanah Issa, pela sua disponibilidade, paciência e tolerância, que me permitiram concluir hoje esta tese.
- Gostaria de agradecer ao Sr. TOM ERDIMI, Ministro de Estado, Ministro do Ensino Superior do Chade, por ter contribuído para o conhecimento da ciência, há cerca de 33 anos, quando entrámos na Faculdade de Ciências Exactas e Aplicadas, lembro-me das suas primeiras aulas de mecânica geral no Amphi Thibeau. Nem eu nem ninguém poderia imaginar que um dia eu poderia produzir livros científicos e defender a minha tese hoje na sua presença.
- Contribuíram para a educação da nossa geração, incluindo aqueles que já não estão entre nós: Dr. TAGUI Kelbeye, Dr. IBNI Oumar Mahamat saleh, Dr. TCHADANAYE New Mahamat. Esta lista não é exaustiva. Que as suas almas descansem em paz.
- Os meus agradecimentos vão também para o Dr. ALI Abdramane Haggar, para o Prof. MAHAMAT

Daoussa Haggar, Presidente da Universidade de N'djamena, para o Prof. MAHMOUD Youssouf Khayal, antigo Ministro da Saúde do Chade e Diretor do Programa de Doutoramento em Ciências da Engenharia, e para o Prof. MAMOUT YAYA, Diretor do Programa de Doutoramento em Química, que tudo fizeram para me ajudar, que me apoiaram e, sobretudo, que me apoiaram em tudo o que empreendi.

- Não posso esquecer o meu colega de turma, o Pr. BASSA Bruno, Antipas, o Dr. Mahamat Ahmat Alhabo, atualmente Ministro de Estado, Secretário-Geral da Presidência da República do Chade, e o Pr. Banbo Antipas, Reitor da Académie du Sud, que me encorajaram a concluir esta tese.
- Um agradecimento especial ao meu amigo Ahmat Khazali ACYL, com quem realizei esta tese. Por favor, meu caro, encontra aqui as palavras de amizade e afeto do teu amigo.
- Um agradecimento especial aos meus amigos de infância Malachie Ngueffa e Etienne Balamto, de quem guardo boas recordações.
- A todos os meus colegas de turma, em especial ao Sr. EWODO AMOUGOU Marcel Rodrigue e ao Sr.

SAMA Jean Marie Stevy, por não se terem poupado a esforços para trazer uma análise particular a este trabalho.

ÍNDICE DE CONTEÚDOS

RESUMO

As emissões de CO_2 no Chade têm vindo a aumentar de forma constante ao longo dos anos, sendo inegável a salvaguarda dos acordos climáticos de Paris em abril de 2016 e janeiro de 2017. É, por isso, importante realizar um estudo que salve vidas, destacando recomendações específicas para o controlo das emissões de gases com efeito de estufa. CO_2. Assim, esta tese analisa a dinâmica a curto e longo prazo do consumo de produtos petrolíferos (super e gasóleo), dos preços dos produtos petrolíferos (super e gasóleo), do parque automóvel e da urbanização sobre as emissões de $CO_2$2n o Chade; apresenta uma análise das relações causais entre as emissões de CO , o consumo de produtos petrolíferos, os preços dos produtos petrolíferos, o parque automóvel e a urbanização no Chade; e, por último, faz uma previsão das emissões futuras de CO CO_2 no Chade com base no consumo de produtos petrolíferos, nos preços dos produtos petrolíferos, no parque automóvel e na urbanização. Esta tese baseia-se numa sólida revisão da literatura e foi utilizado o teste da raiz unitária para examinar a estacionariedade das séries, em primeiro lugar. Em segundo lugar, foram estimados modelos ARDL e foram efectuados testes de robustez para atestar a validade dos modelos. Em terceiro lugar, foram aplicados testes de limites para confirmar a existência de relações de longo prazo. Em quarto lugar, foram aplicados testes de causalidade de Granger no sentido de Toda-Yamamoto para estabelecer as várias influências entre as variáveis do subestudo. Por último, foi utilizado um modelo híbrido de previsão: o modelo sequencial GMC (1, N) - GA. Os resultados do modelo 1 mostram que, a longo prazo, um aumento de 1% no consumo dos supermercados conduziria a um aumento de 1,03% nas emissões de CO_2 e que existe uma causalidade unidirecional entre o consumo dos supermercados e CO_2. No modelo 2, a longo prazo, o impacto linear do consumo de gasóleo nas emissões de CO_2 é positivo e insignificante. Existe uma causalidade bidirecional entre o consumo de gasóleo e CO_2. Finalmente, as previsões futuras baseadas na sequência GMC (1, N) - GA mostram que CO_2 serão de 2672,39 quilotoneladas em 2030. No final deste trabalho, estes resultados poderão ser úteis para orientar as políticas ambientais destinadas a reduzir as emissões de CO_2 através de mecanismos de redução do consumo de combustível dos veículos a gasolina e de controlo do consumo de gasóleo, utilizando ferramentas adequadas.

Palavras-chave : *Emissões CO_2; Consumo de produtos petrolíferos; Transportes rodoviários; ARDL; Le Séquentiel GMC (1, N) - GA, Chade.*

INTRODUÇÃO GERAL

O setor dos transportes tem sido essencial para a circulação de pessoas e o fornecimento de bens e serviços necessários na vida quotidiana durante anos (Ağbulut, 2022; Onat et al., 2014; Tamba et al., 2012). Tem também um impacto em todos os aspetos da presença humana, incluindo a produção, a cultura, o comércio, a educação e a defesa (Danish et al., 2018). Este sector registou um crescimento significativo graças ao consumo de energia, nomeadamente de produtos petrolíferos (Engo, 2019). O consumo global de combustíveis fósseis no sector dos transportes passou de 88074462 TJ em 2005 para 110471146 TJ em 2019, um aumento de 25,43%. (IEA, 2021). Além disso, o sector dos transportes é um dos principais consumidores finais de energia total que contribui para as emissões globais. Contribui com 29% do consumo global total de energia e 65% do consumo global de produtos petrolíferos (Solaymani, 2019). Consequentemente, a procura de produtos petrolíferos no sector dos transportes tem-se tornado cada vez mais importante ao longo dos anos. Dado que o desempenho económico de qualquer nação é medido pela sua taxa de consumo de energia, conclui-se que esta procura desempenha um papel importante na economia de uma nação (Sapnken, 2018; Carbonnier e Grinevald, 2011).

O consumo global de combustíveis fósseis no Chade entre 2010 e 2016 foi elevado, resultando em elevadas emissões de gases com efeito de estufa. (TCNTCC, 2020). Em 2010, o consumo bruto de energia de combustíveis fósseis no Chade, excluindo a biomassa, foi estimado em 257,01 ktep, dos quais 91,55 ktep de gasóleo, representando 35,62%, e 16,91 ktep de gasolina, representando 6,58%. (TCNTCC, 2020). Para 2016, o consumo bruto de energia de combustíveis fósseis no Chade, excluindo a biomassa, foi estimado em 662,86 ktep, dos quais 331,87 ktep para consumo de gasóleo, representando 50,07%, e 115 ktep para consumo de gasolina, representando 17,49%. (TCNTCC, 2020). Estes números mostram que o consumo de gasóleo no Chade aumentou 14,45% e o consumo de super gasóleo também aumentou 10,91% no período de 2010 a 2016, ou seja, 7 anos. No sector dos transportes rodoviários, o consumo de produtos petrolíferos como o super e o gasóleo no Chade foi de 8916m³ em 2007, contra 130275m³ em 2016, o que representa um aumento de 121359m³ em 10 anos. O consumo de produtos petrolíferos no sector rodoviário aumentou devido ao elevado número de veículos registados todos os anos e ao rápido crescimento da população. De facto, em 2016, o Chade tinha quase 24 5601 veículos de todos os tipos nos últimos dez anos, e a taxa de crescimento da população entre 1985 e 2000 foi de 2,4%, em comparação com 3,9% entre 2000 e 2015. (TCNTCC, 2020).

As emissões de gases com efeito de estufa no Chade provêm do consumo de combustíveis no sector dos transportes. A isto há que acrescentar o consumo de combustíveis para a produção de eletricidade, o consumo de combustíveis para uso doméstico e as emissões fugitivas no sector petrolífero. (TCNTCC, 2020). O dióxido de carbono é o gás com efeito de estufa mais emitido na atmosfera (Engo, 2019). As emissões de carbono podem causar numerosos problemas de saúde e ambientais (Dong et al., 2021). Do ponto de vista da saúde, podem causar problemas respiratórios graves, como falta de ar, dores de cabeça e fadiga, e do ponto de vista ambiental, podem causar alterações climáticas e chuvas ácidas, que afectam o ambiente. Dados quase em tempo real mostram que as emissões globais de CO_2 aumentaram 4,8% em 2021, para 34,9 GtCO_2após declínios recorde em 2020 (Liu et al., 2022). A nível mundial, os transportes no seu conjunto foram responsáveis por 23 % do total CO_2 emissões totais da queima de combustíveis e o transporte rodoviário foi responsável por 20% em 2014 (Santos, 2017). Mesmo o trabalho de Solaymani (2019) suportam as estimativas para este sector, que representa cerca de 24% das emissões globais de gases com efeito de estufa. CO_2 também devido à queima de combustíveis. De um modo geral, o sector dos transportes terrestres é reconhecido mundialmente como um dos maiores emissores de gases com efeito de estufa. (TCNTCC, 2020). Os transportes terrestres continuam a ser maioritariamente alimentados por combustíveis fósseis, sendo por isso responsáveis por emissões significativas de gases com efeito de estufa, nomeadamente dióxido de carbono (CO_2), e de poluentes atmosféricos (Ehrenberger et al., 2021). As emissões de CO_2 foram de 304,99ktep em 2000, contra 1938,59ktep em 2016, o que mostra que as emissões de CO_2 no Chade aumentaram seis vezes entre 2000 e 2016. De acordo com os inventários de gases com efeito de estufa realizados em cinco sectores, incluindo o sector da energia, juntamente com os processos industriais, a agricultura, o uso do solo, a alteração do uso do solo e a silvicultura (LULUCF) e os resíduos, tendo 2010 como ano de referência, o Chade continua a ser uma fonte de carbono dez anos após os inventários realizados no âmbito da comunicação nacional inicial e da segunda comunicação nacional. (TCNTCC, 2020).

Tendo assinado e ratificado a Convenção-Quadro das Nações Unidas sobre as Alterações Climáticas (CQNUAC) na Cimeira da Terra, realizada no Rio de Janeiro em junho de 1992 e abril de 1993, e ratificado o

Protocolo de Quioto (PQ) em agosto de 2009 e o Acordo de Paris sobre o Clima em abril de 2016 e Janeiro de 2017, o Chade consolida o seu compromisso de trabalhar para salvaguardar o clima global como um fator de desenvolvimento e estabeleceu o objetivo de reduzir as suas emissões de gases com efeito de estufa, em particular as emissões de CO_2 (CDN, 2021; TCNTCC, 2020). Não há dúvida de que as políticas de redução das emissões de carbono terão uma influência significativa na concretização deste objetivo. No entanto, a redução das emissões de carbono implica uma redução do consumo de energia e prejudicará o crescimento económico do país. Por conseguinte, o consumo de energia e a questão da redução das emissões de carbono no sector dos transportes rodoviários devem ser considerados em conjunto, bem como as emissões de carbono previstas do consumo de produtos petrolíferos no sector dos transportes rodoviários. A nossa análise procura, portanto, responder à questão: que impacto tem o consumo de produtos petrolíferos no sector dos transportes rodoviários nas emissões de carbono no Chade? CO_2 no Chade? Quais são as relações causais entre CO_2 e o consumo de produtos petrolíferos no sector rodoviário do Chade? Quais são os valores previstos de CO_2 com base no consumo de produtos petrolíferos, nos preços dos produtos petrolíferos, no parque automóvel e na urbanização? Para responder a estas questões, esta análise tem por objetivo explorar a associação entre CO_2 e o consumo de produtos petrolíferos pelo sector rodoviário no Chade durante o período 2008-2019, incluindo outras variáveis como o preço dos produtos petrolíferos, o parque automóvel e a urbanização. Por outro lado, este trabalho tem como objetivo estimar as emissões futuras de CO_2 no Chade, tendo em conta o consumo de produtos petrolíferos, o preço dos produtos petrolíferos, o parque automóvel e a urbanização. Especificamente, o primeiro passo é examinar os efeitos a curto e longo prazo de um aumento do consumo de produtos petrolíferos no sector rodoviário sobre as emissões de CO_2 no Chade, tendo em conta o preço dos produtos em causa, o parque automóvel e a urbanização. Em segundo lugar, examinaremos as influências entre CO_2 e o consumo de produtos petrolíferos no sector rodoviário, tendo em conta o preço dos produtos petrolíferos, o parque automóvel e a urbanização no Chade. Finalmente, avaliaremos os valores futuros das CO_2 no Chade. Os objectivos deste estudo são :

i. Apresentar a situação geral das emissões de gases com efeito de estufa e analisar o sector rodoviário no Chade;
ii. Destacar a dinâmica a curto e a longo prazo do consumo de produtos petrolíferos (super e gasóleo), dos preços dos produtos petrolíferos (super e gasóleo), do parque automóvel e da urbanização sobre as emissões de CO_2 no Chade ;
iii. Fornecer uma análise das relações causais entre as emissões de CO CO_2de gases com efeito de estufa, o consumo de produtos petrolíferos, os preços dos produtos petrolíferos, o parque automóvel e a urbanização no Chade;
iv. Prever as futuras emissões de CO_2 no Chade com base no consumo de produtos petrolíferos, nos preços dos produtos petrolíferos, no parque automóvel e na urbanização;
v. Ajudar os decisores do Chade a formular políticas e medidas correspondentes para garantir o controlo efetivo das emissões de CO CO_2 no país.

Este estudo contribui para a literatura atual de várias formas: (i) Tanto quanto sabemos, este trabalho representa uma nova tentativa de destacar simultaneamente os efeitos a curto e a longo prazo do consumo de produtos petrolíferos, dos preços do petróleo bruto, do parque automóvel e da urbanização nas emissões de CO CO_2 no Chade; (ii) Este estudo inclui uma análise da causalidade entre as emissões de CO CO_2consumo de produtos petrolíferos, o preço do petróleo bruto, o parque automóvel e a urbanização no Chade, que ainda não foi abordada até à data; (iii) Este estudo utiliza dados bastante recentes em função da sua disponibilidade no Chade; (iv) Este estudo destina-se aos dirigentes políticos chadianos para os ajudar a formular políticas relativas ao consumo de produtos petrolíferos no sector dos transportes rodoviários, a fim de reduzir as emissões de CO CO_2 e garantir um desenvolvimento sustentável.

O período de 2008 a 2019 foi escolhido tendo em conta a estrutura de dados oficial do Chade, que fornece esta informação ao longo deste período.

O resto da presente tese está organizado da seguinte forma: O primeiro capítulo apresenta uma breve panorâmica do aspeto ambiental no Chade. Segue-se uma análise do sector dos transportes rodoviários do Chade e, por último, uma panorâmica dos trabalhos anteriores e a justificação dos parâmetros utilizados. Os destaques do quadro metodológico e dos conjuntos de dados utilizados neste estudo são discutidos no Capítulo 2. O quadro descreve passo a passo como estabelecer modelos para estimar os efeitos a curto e longo prazo, inferências de causalidade num VAR aumentado seguindo o procedimento Toda-Yamamoto e o método de previsão utilizado para determinar as emissões futuras de CO_2. Este método de previsão baseia-se no modelo sequencial GMC (1, N) - GA. Finalmente, o Capítulo 3 apresenta e analisa os resultados empíricos. Concluímos este estudo discutindo as implicações políticas para orientar o governo do Chade na adoção de medidas políticas eficazes para reduzir as emissões de . CO_2.

CAPÍTULO I
GERAL

Introdução

Este capítulo apresenta brevemente o ambiente no Chade e analisa o sector dos transportes rodoviários do país. Segue-se uma revisão da literatura, destacando todos os trabalhos anteriores sobre as relações lineares e causais entre as emissões de CO CO_2 devido ao consumo de produtos petrolíferos nos transportes rodoviários, precedido de um conjunto de justificações para os parâmetros contidos no modelo econométrico utilizado.

I.1A breve panorâmica do aspeto ambiental

I.1. 1Emissões de gases com efeito de estufa (GEE) a nível mundial

As emissões globais de gases com efeito de estufa aumentaram de 38 669 para 48 117 megatoneladas de dióxido de carbono equivalente (Mt CO eq. CO_2), um aumento de 23,6%. (World Resources Institute, 2022). Este facto conduziu a um aumento da temperatura média global à superfície de 1,2°C (Organização Meteorológica Mundial, 2021). O Painel Intergovernamental sobre as Alterações Climáticas (IPCC) publicou provas científicas dos efeitos do aquecimento global no seu primeiro relatório de avaliação em 1990. A Convenção-Quadro das Nações Unidas sobre as Alterações Climáticas (CQNUAC) foi adoptada em 1992 com o objetivo de estabilizar as concentrações de gases com efeito de estufa na atmosfera, a fim de evitar qualquer interferência perigosa no sistema climático (ONU, 1992). O Protocolo de Quioto foi adotado na COP3 em 1997 com o objetivo de reduzir as emissões de GEE (UNFCCC, 2009).

Na 18ª sessão da Conferência das Partes (COP18), em Doha, um dos resultados importantes foi a adoção de medidas de atenuação adequadas a nível nacional. Estas medidas destinam-se a incentivar os países em desenvolvimento a reduzir as suas emissões até 2020. O resultado da COP21 é o Acordo de Paris, um novo tratado internacional no âmbito da CQNUAC que trata da atenuação, adaptação e financiamento dos gases com efeito de estufa. O Acordo de Paris tem por objetivo limitar o aumento da temperatura da superfície global a menos de 2°C acima da revolução pré-industrial (Guilyardi et al., 2018; Pita et al., 2017). A fim de alcançar o objetivo do Acordo de Paris, os resultados da COP24 em Katowice fornecem as regras para cumprir os requisitos do Acordo de Paris em áreas-chave.

É incerto se o Acordo de Paris será cumprido. Os resultados indicam que o objetivo de emissões que limita o aumento da temperatura da superfície global a menos de 2°C em 2100 não será alcançado com as políticas actuais (Pita et al., 2020). Para limitar o aquecimento a menos de 2 graus Celsius, as emissões de gases com efeito de estufa têm de ser reduzidas rapidamente e chegar a zero até meados do século. Além disso, o relatório especial do IPCC sobre 1,5°C sugere medidas de mitigação energética para promover as energias renováveis e o armazenamento de carbono (Pita et al., 2020). Os objectivos a longo prazo para atingir emissões líquidas nulas até 2050 em todo o mundo exigem uma ação urgente e contribuições determinadas a nível nacional (Akeresola e Gayawan, 2021).

I.1.2Situação das emissões de gases com efeito de estufa em África

A África, enquanto continente, tem sido a zona mais afetada pelos efeitos negativos do aquecimento global

(Bewket, 2012). As temperaturas mais altas e a redução da precipitação na Tanzânia levaram a uma perda de 49% do gelo do Monte Kilimanjaro entre 1976 e 2002. Este facto levou à secagem da maioria dos rios que o rodeiam (Josephine, 2007). Se o aumento das emissões de gases com efeito de estufa não for travado, as previsões indicam que, em 2033, já não haverá gelo no Monte Kilimanjaro, a montanha mais alta de África. Change (2008) indicou que a Tunísia é o país com maior probabilidade de registar uma diminuição da precipitação anual até 2030 e um aumento de 2,1°C da sua temperatura média até 2050. Consequentemente, o risco de escassez de água será elevado. E, por sua vez, prejudicará os habitantes do país.

África é a região que menos contribui para as emissões totais de GEE a nível mundial (Adzawla et al., 2019; Bewket, 2012).. No entanto, tem-se verificado um aumento constante das emissões antropogénicas de GEE em África. Na África Oriental, as emissões totais de GEE aumentaram 42% entre 1990 e 2011. A África Ocidental também registou um aumento de 17% nas emissões de GEE entre 1990 e 2014, com a Nigéria a contribuir com cerca de 46% dessas emissões (Akeresola e Gayawan, 2021). Até 2050, as emissões de GEE previstas para a África Subsariana aumentarão até 50%. (Leimbach et al., 2018)e duplicarão em África no seu conjunto (van der Zwaan et al., 2018).

O PIAC afirma que a maior parte do aumento observado nas temperaturas médias globais desde meados do século XX se deve muito provavelmente ao aumento observado nas emissões de gases com efeito de estufa de origem humana. De acordo com a Convenção-Quadro das Nações Unidas sobre as Alterações Climáticas (CQNUAC), os principais GEE são o dióxido de carbono ($CO_{2}2$), o metano (CH4), o óxido nítrico (N O) e os gases fluorados (per-fluorocarbonetos (PFC), hidrofluorocarbonetos (HFC) e hexafluoreto de enxofre (SF6)).

A África está a seguir políticas que ajudarão a minimizar as suas emissões de GEE, dado que os GEE têm uma longa vida atmosférica de vários milhares de anos (Akeresola e Gayawan, 2021). No entanto, os esforços para atenuar as emissões de GEE nas economias em desenvolvimento são limitados pelo empenhamento de recursos financeiros e tecnológicos (Adzawla et al., 2019). Além disso, os dez países mais pobres do mundo em 2020 são de África (Akeresola e Gayawan, 2021). Por conseguinte, a eficácia das políticas exigirá que se compreenda como estas emissões de GEE evoluem simultaneamente no espaço e no tempo e o impacto da interação do espaço e do tempo nestas emissões em África, a fim de maximizar estes recursos mínimos.

I.1.3 Emissões de gases com efeito de estufa no Chade

a) Caraterísticas geográficas

O Chade é um país da África Central com uma superfície de 1 284 000 km² e situa-se entre 7° e 24° de latitude norte e entre 14° e 24° de longitude leste (Bedoum et al., 2017). É um país que faz fronteira a norte com a Líbia, a leste com o Sudão, a sul com a República Centro-Africana e a oeste com os Camarões, a Nigéria e o Níger. Faz, portanto, fronteira com seis países. A Fig. 1 mostra o mapa geográfico do Chade. O relevo do Chade é caracterizado por complexos naturais (Bedoum et al., 2017; UNFCCC, 2001). Estes incluem:

- Sul do Chade, a sul do paralelo 10, correspondendo às bacias superiores dos rios Chari e Logone, com uma altitude média de 400-500 m e cadeias montanhosas que atingem um máximo de 1163 m;

- As planícies aluviais do Logone entre Lai e NDJAMENA (300 a 400 m de altitude) e a sudeste ao longo da fronteira com a RCA (400 a 450 m);
- O maciço de Guera no centro, que culmina a 1500 m ;
- Os deltas do Chari, a altitudes que variam de 300 a 350 m, com formações deltaicas antigas de aluviões areno-argilosos;
- Planícies aluviais e cinturas de dunas em torno do lago Chade, com altitudes que variam entre 280 e 290 m ;
- O maciço de Ouaddaï a leste (500 a 1000 m);
- E, finalmente, o maciço de Tibesti, no norte, com o pico Emi Koussi a atingir uma altitude de 3.415 m. Esta é também a parte do país com as depressões mais baixas (160 m de altitude).

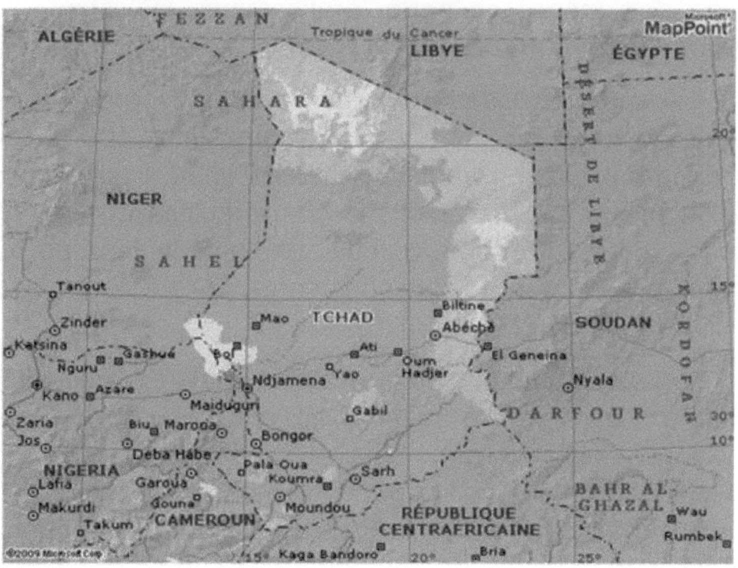

Figura 1 Mapa do Chade

Fonte: Bedoum et al (2017)

b) Clima

O território do Chade está sujeito a um clima que depende do regime pluviométrico, da sucessão das estações e do regime térmico. A Fig. 2 mostra que este clima pode ser sahariano entre as latitudes 14° e 24° Norte, saheliano entre as latitudes 10° e 14° Norte e sudaniano nas latitudes 7°-10° **Norte.** (Bedoum et al., 2017; UNFCCC, 2001).

A zona desértica ou saariana do norte cobre a parte setentrional e é constituída pelas províncias de Borkou-Tibesti-Ennedi (BET) e pelas partes setentrionais das províncias de Kanem e Batha, representando 47% do território nacional. Com uma pluviosidade inferior a 100 mm/ano, só é possível praticar a agricultura de oásis e a criação de camelos e de pequenos ruminantes. A estação dura dois meses no norte (praticamente inexistente no extremo norte). (CDN, 2021; TCNTCC, 2020).

A zona saheliana, no centro do país, cobre 43% do território nacional. Com precipitações entre 100 e 800 mm/ano, existem grandes contrastes entre a parte norte árida (clima saharo-saheliano com precipitações anuais entre 100 e 200 mm) e a zona sahelo-sudaniana do sul, caracterizada por precipitações entre 600 e 800 mm/ano. (CDN, 2021; TCNTCC, 2020).

A zona sudanesa no sul do país, entre as isoietas de 800 e 1.200 mm, representa apenas 10% do território nacional. No entanto, nela vive quase metade da população do Chade. O clima tropical sub-húmido, com uma pluviosidade na zona sudano-guineense superior a 1.200 mm, permite uma grande variedade de produções agrícolas e pecuárias (bovinos, caprinos, ovinos, suínos, aves de capoeira). (CDN, 2021; TCNTCC, 2020).

O clima da República do Chade é semelhante ao dos países da África Ocidental, gerado pelo movimento da zona de convergência intertropical (ZCIT) com :

- Um período muito quente de março a junho, com temperaturas que podem atingir os 45°C;
- A estação chuvosa decorre de maio a outubro, com uma precipitação média de 50 a 1350 mm;
- E um período relativamente seco e frio de novembro a fevereiro. A precipitação no Chade é geralmente caracterizada por uma distribuição espacial e temporal muito irregular de uma estação para outra.

De um modo geral, os diferentes climas encontrados no Chade caracterizam-se por temperaturas elevadas, com valores máximos diários que oscilam geralmente entre 30 e 40°C, amplas amplitudes térmicas diárias, sempre superiores a 10°C, mas frequentemente próximas dos 20°C, e precipitações muito variáveis consoante a latitude. A variação anual do índice de temperatura de 1950 a 2019 mostra um aumento constante da temperatura desde o início da década de 1980 até à atualidade. Globalmente, as décadas de 1990 e 2000 foram os anos mais quentes desde o início dos registos meteorológicos no Chade. As temperaturas máximas subiram, em média, 1,1°C em todo o país. Estima-se que as temperaturas mínimas tenham aumentado 2°C no período 1951-2010 e as temperaturas máximas 1°C, com valores elevados entre 2002-2010 (CDN, 2021).

Esta sucessão de climas explica-se pelo predomínio sucessivo dos ventos alísios que deslocam massas de ar seco do nordeste (deserto) e dos ventos de monção que deslocam massas de ar húmido do sudoeste (Golfo da Guiné). O encontro destas massas de ar cria uma frente de convergência intertropical que se desloca alternadamente do norte para o sul do país. A norte da frente, existe uma zona de ventos alísios secos, com céu limpo e ventos arenosos; ao nível da frente, o choque das massas de ar é responsável por tornados e chuvas temporárias; a sul da frente, as massas de ar húmidas são responsáveis por chuvas fortes e frequentes (squall lines). As chuvas de monção são geralmente violentas e intensas, nomeadamente nas zonas tropicais e sahelianas, com máximos anuais de 70 mm em Sarh, 58 mm em NDJAMENA e 50 mm em Abéché.

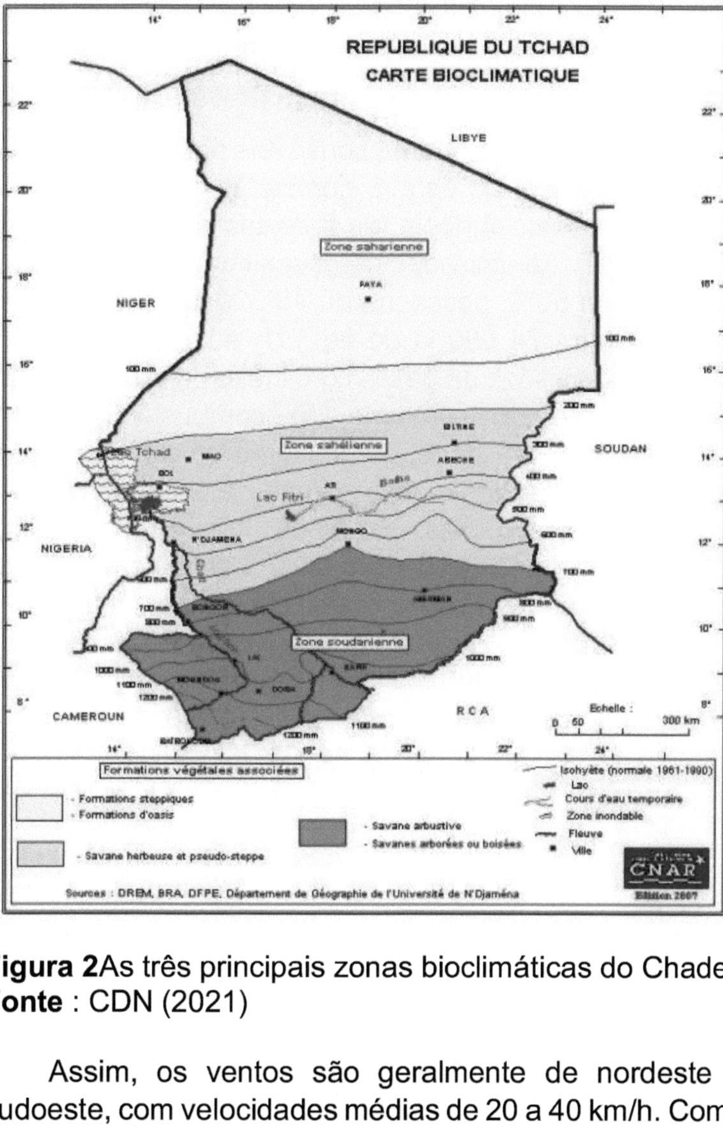

Figura 2 As três principais zonas bioclimáticas do Chade
Fonte : CDN (2021)

Assim, os ventos são geralmente de nordeste a sudoeste, com velocidades médias de 20 a 40 km/h. Como em toda a África saheliana, o clima do Chade está sujeito a grandes flutuações interanuais. Além disso, nas duas últimas décadas, o Chade registou uma série de anos particularmente secos, o que provocou uma deslocação para sul das isoietas e, por conseguinte, das zonas climáticas, tal como são convencionalmente definidas.

c) Situação dos gases com efeito de estufa no Chade

Vários sectores são responsáveis pelas emissões de gases com efeito de estufa, nomeadamente o sector da energia, o sector agrícola, as florestas e os resíduos de 2010 a 2018. As emissões de gases com efeito de estufa aumentaram 50%, passando de 49 320 kt de CO CO_2 eq em 2010 para 74 090 kt de eq. CO_2 eq em 2018 (CDN, 2021). As emissões de gases com efeito de estufa provêm principalmente do consumo de combustível para a produção de eletricidade, do consumo de combustível no sector dos transportes, do consumo de combustível para uso doméstico e das emissões fugitivas no sector petrolífero. A Fig. 3 mostra que, no Chade, as emissões de CO_2 estão a aumentar de ano para ano. Entre 2000 e 2010, as emissões de CO_2 mais do que duplicaram, passando de 304,99 ktep para 695,17 ktep. Em 2016, as emissões de CO_2 quase triplicaram em relação a 2010.

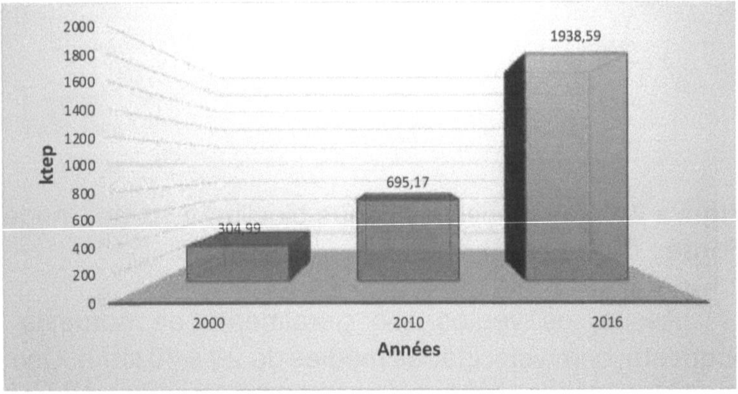

Figura 3 Tendências das emissões de GEE
Fonte : TCNTCC (2020)

As emissões de GEE em 2010 foram dominadas pelas emissões fugitivas de gás queimado nas instalações petrolíferas. Segue-se a combustão de gasóleo, utilizado em especial nos sectores da eletricidade e dos transportes. A combustão da gasolina e do combustível para motores de reação ocupa o terceiro e quarto lugares em termos de emissões de GEE. EMISSÕES (TCNTCC, 2020). Em contraste com o ano de referência, em 2016 as emissões de CO_2 são largamente dominadas pela combustão de gasóleo. As emissões da combustão da gasolina estão em segundo lugar e são emitidas principalmente pelo sector dos transportes terrestres. O consumo de GPL no sector residencial cresceu exponencialmente, sobretudo na capital. As emissões do transporte aéreo também aumentaram em quase 50%. As emissões fugitivas, por outro lado, diminuíram consideravelmente. A Fig. 4 mostra as emissões de CO_2 por tipo de combustível em GgCO_2.

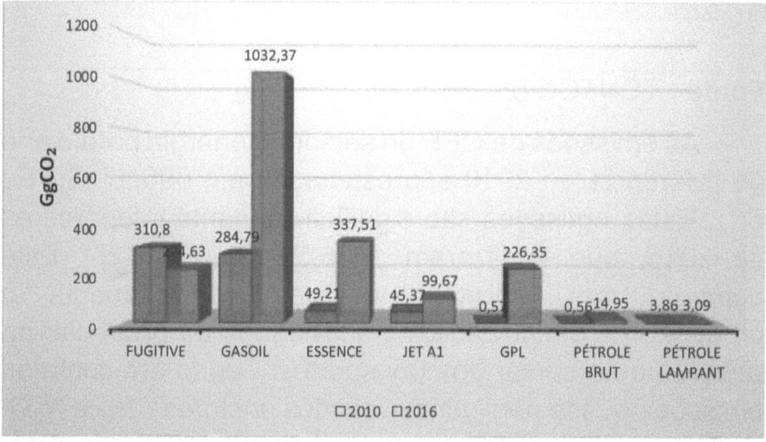

Figura 4 Emissões de CO_2 por tipo de combustível em GgCO_2
Fonte : TCNTCC (2020)

O sector da energia emite três poluentes principais de GEE: CO CO_2, CH_4 e N_2O. Utilizando a abordagem do cenário de referência, este estudo estima apenas as emissões totais de CO_2 atribuíveis a este sector. A Tabela 1 resume as emissões de GEE de 2010 a 2016 no Chade da seguinte forma:

Tabela 1 Emissões brutas de GEE de 2010 a 2016

POLUENTES	2010		2016	
	Emissões em CO_2 eq (Gg)	% da energia total, excluindo a biomassa	Emissões CO_2-eq (Gg)	% do total, excluindo a biomassa
CO_2	695.17	100%	1938.59	100 %
CH_4	-	-	-	
N_2O	-	-	-	
GWP	695.17		1938.59	

Fonte : TCNTCC (2020)

As emissões de GEE do sector da energia para o ano de referência de 2010 são estimadas em 695,17 Gg Eq CO_2. Estas emissões são significativamente inferiores às de 2016, que totalizaram 1938,59 Gg Eq. CO_2. Este aumento das emissões deve-se principalmente à produção de eletricidade, às actividades de produção de petróleo e ao sector dos transportes. Tendo em conta as emissões quase negligenciáveis dos sectores CH_4 e N_2O, o CO_2 representa 100% das emissões de GEE no sector da energia.

I.2Análise do sector dos transportes

I.2.1Análise do transporte rodoviário

No Chade, o sector dos transportes rodoviários está em constante crescimento, dado o elevado número de veículos matriculados todos os anos. Em 2016, o número de veículos matriculados nos últimos dez anos era de 2 456 01 (conjunto dos veículos), repartidos da seguinte forma: 172486 motociclos; 43942 veículos ligeiros a gasóleo; 19480 veículos ligeiros a gasolina e 9693 veículos pesados de mercadorias, como camiões, tratores e semirreboques. (TCNTCC, 2020). Note-se que, muito antes de 2007, existiam obviamente veículos registados, mas o seu número não foi incluído nesta estimativa. Dada a sua idade, estes veículos, se ainda estivessem em circulação, seriam os maiores emissores de gases com efeito de estufa. A Fig. 5 mostra as estatísticas sobre o parque de veículos registados de 2007 a 2016.

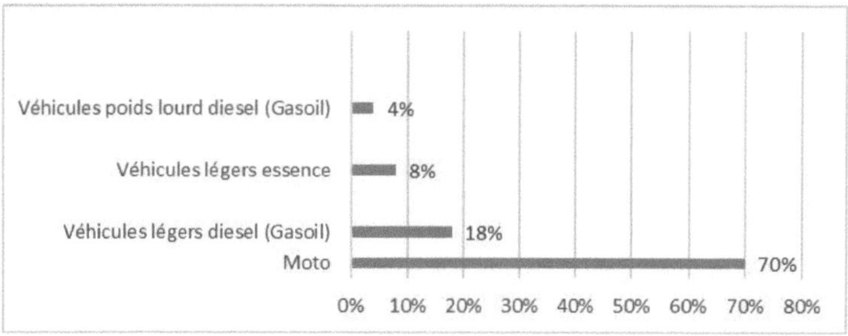

Figura 5 Estatísticas sobre o número de veículos registados de 2007 a 2016
Fonte : TCNTCC (2020)

Nesta investigação, a frota de veículos é composta por automóveis particulares, carrinhas, autocarros, veículos rígidos, tractores, semi-reboques, reboques e máquinas. A Fig. 6 mostra a evolução do número de veículos no Chade entre 2008 e 2019. Verifica-se que o número de veículos no Chade diminuiu consideravelmente entre 2008 e 2011. Esta queda drástica do número de veículos no Chade pode ser explicada pelo aumento do preço dos produtos petrolíferos durante este período. Este aumento do preço dos produtos petrolíferos deve-se ao facto de o Chade importar 100% de produtos petrolíferos, principalmente dos Camarões e da Nigéria. Após a entrada em funcionamento da refinaria de NDJAMENA, o número de veículos no Chade aumentou significativamente entre 2012 e 2013. Este aumento do número de veículos explica-se pela redução para metade do preço dos produtos petrolíferos e pela diminuição considerável das importações destes produtos. A partir de 2014, o número de veículos no Chade diminuirá consideravelmente até 2019.

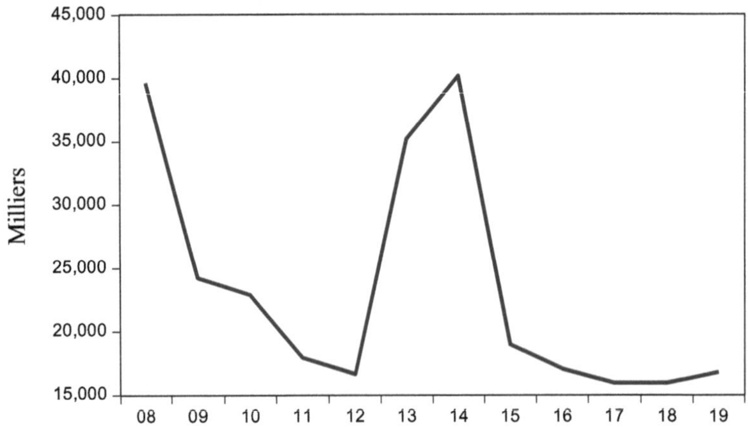

Figura 6 Evolução da frota de veículos no Chade de 2008 a 2019

O consumo de combustível para os transportes terrestres baseia-se numa série de hipóteses simplificadoras, tendo em conta as realidades do país. O TCNTCC (2020) mostra que o consumo de combustível para os transportes terrestres, no período 2007-2016, é estimado em 30 litros por mês, em média, para os motociclos; 100 litros por mês, em média, para os veículos ligeiros de mercadorias a gasolina; 100 litros por mês, em média, para os veículos ligeiros de mercadorias a gasóleo e 150 litros por mês, em média, para os veículos pesados de mercadorias a gasóleo. Os veículos ligeiros de mercadorias a gasóleo ocupam o primeiro lugar em termos de consumo de combustível no período 2007-2016, seguidos dos motociclos. Os veículos ligeiros de mercadorias ocupam o terceiro lugar em termos de consumo de gasolina. Por último, os veículos pesados de mercadorias a gasóleo ocupam o último lugar em termos de consumo de energia. A figura 7 mostra o consumo anual de combustível para os transportes terrestres em metros cúbicos.

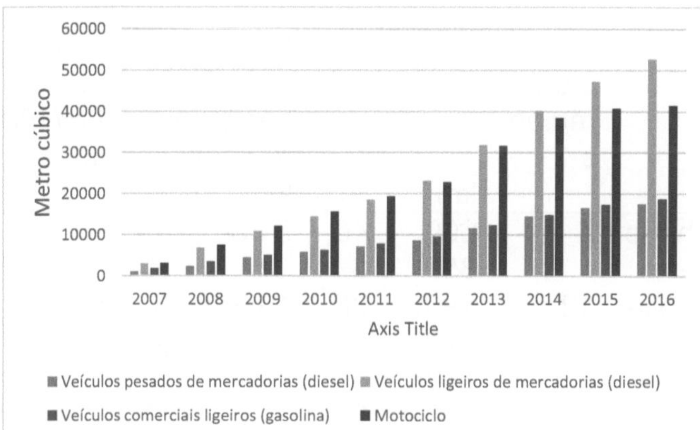

Figura 7 Consumo anual de combustível para transportes terrestres em m³.
Fonte : TCNTCC (2020)

No Chade, menos de 5% da rede rodoviária nacional é alcatroada. Trata-se, portanto, sobretudo de caminhos vulneráveis aos efeitos climáticos, como a erosão eólica, a erosão hídrica e o assoreamento. Um esforço neste domínio, no sentido de aumentar o número de estradas alcatroadas, permitiria tornar a rede mais resiliente face às futuras alterações climáticas. (TCNTCC, 2020).

O aumento do número de veículos e o consequente aumento do consumo de combustível provocaram também um aumento da procura de energia. Assim, o consumo de combustível para os transportes terrestres baseia-se num conjunto de hipóteses simplificadoras, tendo em conta as realidades do país.

^{2} ^{2} ^{2}A densidade rodoviária, tal como a densidade populacional, varia muito de acordo com a zona climática, indo de uma densidade de 6,4 km/1000 km na zona do Sara até 27,2 km/1000 km na zona do Sahel e 40,5 km/1000 km na zona do Sudão, como mostra o Quadro 2:

Tabela 2 Densidade de estradas por zona climática

Zona Clima	Número de regiões	Área		Rede rodoviária nacional e regional		^{2}Densidade (km/1000 km)
		km^2	%	km	%	
Saharienne	3	600 350	46,8	3 858	15,4	6,4
Saheliano	12	490 570	38,2	13 368	53,4	27,2
sudanês	7	193 080	15,0	7 813	31,2	40,5
Chade	22	1284000	100			19,5

Fonte : TCNTCC (2020)

Desde 2000, a rede rodoviária prioritária registou um crescimento de 35%. A rede rodoviária de asfalto passou de cerca de 350 km em 2000 para 1.500 km no final de 2010 e 2.300 km em 2016. Este progresso foi possível graças à chegada em 2003 de fundos provenientes das receitas petrolíferas e ao aumento dos fundos dos parceiros de desenvolvimento. Apesar de todos os trabalhos realizados nas duas últimas décadas, houve uma intensificação dos trabalhos entre 2006 e 2014, com um máximo de 450 km de estradas abertas ao tráfego em 2010, de acordo com o Ministério das Infra-estruturas e Equipamentos do Chade. Os últimos anos, de 2015 a 2017, foram marcados pela fraca situação económica que o país enfrenta atualmente. A Fig. 8 mostra a extensão acumulada das estradas asfaltadas de 2000 a 2016.

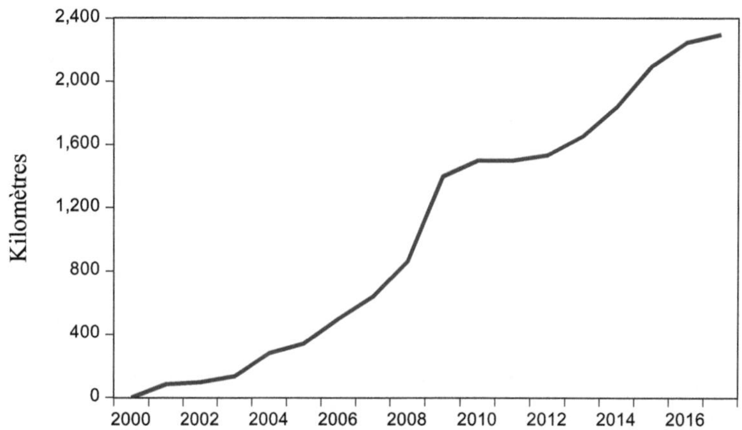

Figura 8 Comprimento acumulado de estradas asfaltadas de 2000 a 2016

A rede rodoviária nacional é composta por estradas asfaltadas e de terra. Uma grande parte da rede de estradas de terra está num estado avançado de deterioração e só é transitável na estação seca. As estradas de terra que são sazonalmente ou semi-permanentemente transitáveis (interrompidas por menos de um dia consecutivo durante as estações chuvosas) costumavam ser mantidas ou reabilitadas. O transporte interurbano é quase exclusivamente rodoviário (não existem caminhos-de-ferro e o transporte fluvial é muito marginal). O transporte de passageiros é assegurado por pequenos veículos (pick-ups ou carrinhas) e por grandes veículos (camiões convertidos em autocarros). A manutenção de uma rede rodoviária de qualidade é difícil dada a dimensão do país, a sua fraca densidade populacional (o que faz com que o custo da rede seja suportado por poucos utilizadores), a qualidade medíocre dos materiais geológicos disponíveis localmente e a dureza do clima.

Durante a estação das chuvas, muitas cidades ficam isoladas do resto do mundo, pelo que o transporte aéreo se torna um meio de transporte alternativo. Os veículos mistos de mercadorias e passageiros são muito comuns, o que constitui um fator importante para o conforto e a segurança dos passageiros. As causas mais frequentes de mortes na estrada são o capotamento de veículos de transporte misto devido à má qualidade das estradas e o esmagamento de passageiros por mercadorias capotadas.

I.2. 2 Distribuição dos produtos petrolíferos nos transportes terrestres no Chade

O circuito de aprovisionamento e distribuição dos produtos petrolíferos inclui a refinação, o armazenamento em depósitos, o transporte e a distribuição. (ARSAT, 2022). A refinaria de Djarmaya abastece todo o país de produtos petrolíferos. Mas, por vezes, com a manutenção das refinarias a provocar geralmente uma escassez, nomeadamente de gás butano, a Autoridade Reguladora do Petróleo a Jusante do Chade, de acordo com o Governo, importa da Nigéria e dos Camarões para satisfazer a procura nacional. (ARSAT, 2022).

Estes produtos são transportados por estrada, por condutas e por caminho de ferro (ARSAT, 2022). O transporte rodoviário de produtos petrolíferos envolve o carregamento de contentores em veículos ou o enchimento de camiões-cisterna. Também envolve o transporte de produtos petrolíferos de um ponto de embarque para um ponto de destino e a descarga de contentores de veículos ou o esvaziamento de camiões-cisterna. A construção e a exploração de oleodutos ou gasodutos devem respeitar a regulamentação em vigor e os regulamentos gerais ou locais, fiscais, estatais, fundiários, florestais, urbanísticos e sanitários, bem como as normas e instruções técnicas emitidas pelo ministro responsável pelo petróleo. O transporte ferroviário de produtos petrolíferos envolve a carga de contentores em vagões ou o enchimento de vagões-cisterna, o transporte de produtos petrolíferos de um ponto de expedição para um ponto de destino e a descarga de contentores de vagões ou o esvaziamento de vagões-cisterna. A figura 9 abaixo mostra o circuito de distribuição.

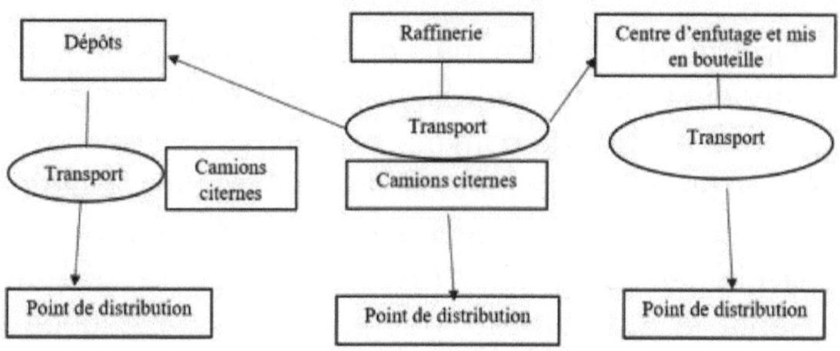

Figura 9 Diagrama do circuito de distribuição do marcador
Fonte : ARSAT (2022)

A Agence de Régulation du Secteur pétrolier Aval du Tchad não gere os depósitos de petróleo, embora estes sejam prerrogativa da Société des Hydrocarbures du Tchad. No entanto, algumas marcas possuem os seus próprios depósitos. Além disso, algumas empresas nacionais, sem as competências necessárias no sector petrolífero, exercem actividades de transporte, distribuição e armazenamento (armazenamento em tambores e/ou cisternas armazenadas nas concessões), mas são indispensáveis em períodos de escassez.

Para além da refinaria, que desempenha um papel importante no fornecimento de produtos petrolíferos ao país, é apoiada por mais de 70 marcas (ARSAT, 2022). O comerciante mais importante é, sem dúvida, a Total Marketing Tchad, uma multinacional francesa que se encontra entre as super majors. A Total Marketing é o principal distribuidor de produtos petrolíferos no Chade e possui um grande número de estações de serviço, incluindo mais de vinte estações de serviço, quatro províncias e um depósito. A Libya Oil Chad parece ser ignorada, embora seja um ator importante, totalmente integrado no sector a jusante e eficaz na indústria petrolífera do Chade com a sua aquisição da Tamoil Chad.

No Chade, existem mais de 255 estações de serviço que vendem produtos petrolíferos nas 32 cidades do país. N'Djamena é a cidade com mais estações de serviço, com mais de 155, mais de metade do total do país. Segue-se Abeché, com 25 estações de serviço, e Moundou vem em terceiro lugar, com 22. (ARSAT, 2022). O quadro 3 apresenta a distribuição geográfica das estações de serviço no Chade.

Tabela 3 Distribuição geográfica das estações de serviço no Chade

N°	Cidades	Números
1	Abeché	25
2	Amdjarass	2
3	Ati	3

4	Bagassola	1
5	Biltine	1
6	Bisney	1
7	Bokoro	2
8	Taça	4
9	Bongor	4
10	Doba	3
11	Faya	2
12	Goré	1
13	Guelendeng	4
14	Guereda	1
15	Iriba	1
16	Karmé	1
17	Kelo	2
18	Koundoul	2
19	Kournari	1
20	Mao	4
21	Massaguet	4
22	Massakory	2
23	Mongo	2
24	Moundou	22
25	Moyto	1
26	N'Djaména	147
27	N'Djaména Bilala	1
28	Ngoura	2
29	Ngouri	5
30	Oumhadjar	2
31	Sarh	1
32	Tiné	1
Total		255

Fonte : ARSAT (2022)

I.3 Justificação dos parâmetros utilizados

I.3. 1Justificação dos parâmetros emissões de CO_2 e consumo de produtos petrolíferos no sector rodoviário

A adesão dos países aos acordos internacionais é uma condição necessária para reduzir o aquecimento global, mas uma condição suficiente é a aplicação de políticas de combate às alterações climáticas destinadas a reduzir o consumo de combustíveis fósseis, uma vez que estes não são neutros e influenciam o consumo de energia e as emissões. CO_2 (Li et al., 2017; Solaymani et al., 2015)..

Em condições atmosféricas normais, a mistura de gases é composta por 78% de azoto, 20% de oxigénio, 0,93% de árgon, 0,03% de dióxido de carbono e os restantes néon, hélio, metano e hidrogénio. Pode dizer-se que o estado do ar na atmosfera está contaminado quando a composição do ar é alterada. As alterações na composição do ar que entra podem ocorrer devido à inclusão de substâncias, energia e/ou outros componentes resultantes de uma atividade potencialmente poluente (Sawitri et al., 2017). Os principais poluentes produzidos pelos veículos a motor que podem causar poluição atmosférica são as poeiras, o monóxido de carbono, o dióxido de carbono, os hidrocarbonetos, os óxidos de azoto e os óxidos de enxofre (Qiao et al., 2015; Miller e Spoolman, 2011).

As emissões de carbono provenientes de veículos a motor são uma das causas do aquecimento global, uma vez que a maior parte das emissões são dióxido de carbono (CO_2) mais metano (CH_4), monóxido de azoto (N_2O), perfluoreto de hidrogénio, óxido de enxofre, óxido de azoto, perfluorocarbonetos (PFC), hidrofluorocarbonetos (HFC) e sulfureto de hidrogénio. Segundo a Convenção-Quadro das Nações Unidas sobre as Alterações Climáticas, para além dos seis tipos de gases com efeito de estufa, existem outros tipos de gases com efeito de estufa, nomeadamente o monóxido de carbono (CO), os óxidos de azoto (NOx), os clorofluorocarbonetos (CFC) e os gases orgânicos metálicos não voláteis.

Os três principais tipos de gases conhecidos como gases com efeito de estufa são CO_2gases com efeito de estufa CH_4O N_2O porque são considerados uma camada de gás que actua como uma armadilha para as ondas de calor e a sua concentração na atmosfera continua a aumentar até duplicar (CHANGE, 2007). De acordo com os cálculos efectuados nos últimos anos, a contribuição do CO_2 no aquecimento global atingiu mais de 60%.

As emissões de CO_2 estão a aumentar, atingindo 27,0 mil milhões de toneladas de CO CO_2 em 2004, um aumento médio de 1,6% por ano. Os contribuintes para as CO_2 distribuem-se da seguinte forma: Estados Unidos (21,9% do total das emissões mundiais), seguidos da China (17,4%) e da Índia (4,1%). CO_2mundiais), seguidos da China (17,4%) e da Índia (4,1%). A Indonésia contribui com 1,2% das emissões mundiais de CO_2. A principal fonte de emissões CO_2 A principal fonte de emissões provém da utilização de combustíveis fósseis (74% do total de emissões a nível mundial), seguida da convenção terrestre (24%) e da indústria do cimento (3%) (Sawitri et al., 2017).

Apesar das numerosas crises internacionais, África registou um crescimento rápido, com uma média de 5% ao ano, durante a última década. Este rápido crescimento levou a mais conspirações sobre África e, consequentemente, à sua notória transformação de um continente de insegurança, guerra e fome num continente de confiança nas oportunidades de negócio e desenvolvimento. De acordo com Cotte Poveda e Pardo Martínez (2011), Guo et al (2018) e Zhang et al. (2018)(2018), a utilização da energia promove efetivamente oportunidades na economia, minimiza o custo das deslocações e estimula ainda mais o sector industrial, modernizando assim a economia. Em 2015, África produziu 8,1% da energia mundial, em comparação com 7,8% em 1971 (Mensah et al., 2019).

Apesar disso, o consumo de energia no continente africano continua a ser baixo em comparação com outras regiões, de acordo com a Agência Internacional de Energia em 2017. Em 2009, por exemplo, o consumo de energia da Europa era 11 vezes superior ao da África Subsariana, apesar de os países da África Subsariana terem uma população maior (Mensah et al., 2019). Por conseguinte, é natural esperar que, com a modernização da economia, as alterações demográficas e a aceleração da urbanização, o consumo de energia em África a curto e médio prazo aumente consideravelmente.

Além disso, a ameaça crescente de aquecimento global e de alterações climáticas resultantes de um desenvolvimento económico sustentado que conduz a emissões de gases com efeito de estufa constitui um sério desafio para o mundo, e a África não é exceção. As emissões de dióxido de carbono provenientes de combustíveis fósseis são consideradas uma das principais fontes de aquecimento global. Consequentemente, a forte dependência da maioria dos países africanos em relação aos combustíveis fósseis tornou-se um lugar-comum nesta civilização moderna. Com o aumento das emissões de gases com efeito de estufa, esta prática moderna tem sido documentada como tendo um impacto significativo no equilíbrio ambiental e interno do ecossistema natural do mundo.

O Chade consome grandes quantidades de produtos petrolíferos há mais de uma década, e a poluição atmosférica provocada pelas emissões de gases com efeito de estufa é muito elevada. CO_2 de petróleo. Por conseguinte, é conveniente examinar a relação entre as emissões de CO_2 no Chade e o consumo de produtos petrolíferos em geral.

Os transportes também emitem CO_2o mais importante gás com efeito de estufa (GEE) e, se o aquecimento global exceder o limiar seguro de 2°C, as consequências poderão ser más e catastróficas (Pachauri e Meyer, 2014). De facto, já existem provas de que o limiar de segurança poderá ser de 1,5°C (Santos, 2017). Para manter o aquecimento global abaixo de 2°C (ou 1,5°C), as concentrações atmosféricas de GEE devem ser estabilizadas, o que acabará por exigir zero emissões líquidas anuais (Santos, 2017).

O Acordo de Paris sublinhou a necessidade de garantir que o sector dos transportes não seja negligenciado no esforço de redução das emissões globais de gases com efeito de estufa (GEE). O Painel Intergovernamental sobre as Alterações Climáticas (Pachauri e Meyer, 2014) indicou que, embora existam muitas formas de mitigar o aquecimento global, todas elas exigem uma redução substancial das emissões de gases com efeito de estufa. CO_2.

O sector dos transportes no seu conjunto é um dos principais contribuintes para o aquecimento global, sendo responsável por cerca de 8 GtCO_2ou 24% das emissões globais de CO_2 globais (Teter, 2020). Do total de emissões, três quartos das emissões comunicadas pelo sector dos transportes provêm do sector dos transportes rodoviários. É preocupante constatar que, no período 2000-2017, as emissões do sector dos transportes aumentaram de forma constante em todas as regiões, apesar das várias crises económicas mundiais.

Na Malásia, aliás, está a verificar-se o mesmo cenário. O sector dos transportes é o segundo maior emissor de GEE, sendo responsável por 20% das emissões de GEE da Malásia. Dentro desses 20%, o transporte rodoviário é novamente o maior culpado, responsável por uma desproporção de 18% das emissões de GEE (MESTECC, 2018). Além disso, os transportes são responsáveis por quase 30% de todas as emissões de dióxido de carbono na UE (União Europeia), 72% das quais são transportes rodoviários (Kubáňová et al., 2021). A União Europeia estabeleceu, por conseguinte, o objetivo de reduzir as emissões de CO CO_2 dos transportes até 2050, em comparação com os níveis de 1990. Esta é uma parte importante do esforço para reduzir as emissões de gases com efeito de estufa (Kubáňová et al., 2021).

Além disso, o sector dos transportes é um dos principais contribuintes para o aumento do consumo de energia e das emissões de gases com efeito de estufa (Pita et al., 2020). De um modo geral, o modo de transporte inclui a estrada, o ar, a água e o caminho de ferro (Pita et al., 2020). Em muitos países desenvolvidos, como o Japão, a Europa, a Alemanha e a América do Norte, o comboio é o modo de transporte preferido (Pita et al., 2020; Hansen et al., 2016; Pita et al., 2020). Nos países em desenvolvimento, por outro lado, o transporte rodoviário desempenha um papel importante no sector dos transportes em geral (Pita et al., 2020).

O desenvolvimento dos transportes é um fator essencial para melhorar o nível de vida nas zonas urbanas e actua como catalisador do desenvolvimento económico (Martínez-Jaramillo et al., 2017). No entanto, os transportes são também um fator crítico que conduz ao esgotamento dos recursos e a uma série de problemas ambientais (Ahanchian e Biona, 2014). Em particular, o transporte rodoviário consome a maior parte dos produtos petrolíferos do mundo (Duan et al., 2021) e é um dos principais factores que contribuem para a qualidade do ar local e para as alterações climáticas globais (Duan et al., 2021; L. Zhang et al., 2019; Du et al., 2017).

O tráfego rodoviário é o principal contribuinte para a pegada de carbono do sector dos transportes, e a sua redução tornou-se um dos principais objectivos da política de transportes sustentáveis (Sobrino e Monzon, 2014). O transporte rodoviário é responsável por CO_2 (Danish et al., 2018). Por conseguinte, é necessário implementar políticas de combate às alterações climáticas em toda a economia, em particular no sector dos transportes rodoviários, que é o que mais contribui para as emissões de CO CO_2.

Antes de aplicar uma política, é necessário identificar os principais factores de emissão de carbono neste sector. Por conseguinte, para que os decisores políticos possam implementar políticas significativas com objectivos específicos para atingir a meta de baixo carbono no sector dos transportes. Para tal, é necessário analisar a tendência e as caraterísticas do consumo de produtos petrolíferos no sector dos transportes e as políticas de emissões de carbono, bem como discriminar os principais factores de emissão de carbono neste sector. CO_2 neste sector.

O gasóleo e a gasolina são as principais fontes de CO_2 emissões no Chade. Devido ao seu maior consumo no sector dos transportes rodoviários, é imperativo estudar a relação existente entre as emissões de CO_2e o consumo de produtos petrolíferos no sector dos transportes rodoviários. Isto implica identificar os factores ligados ao transporte rodoviário que afectam direta ou indiretamente o crescimento das emissões de CO_2 e tem a maior parte do consumo de combustível no Chade.

A Fig. 10 mostra a evolução das CO_2 no Chade durante o período 2008-2019. É evidente que CO_2 no Chade durante este período estão a aumentar e aceleraram significativamente desde 2011, quando a refinaria NDJAMENA entrou em funcionamento. Este crescimento pode certamente ser explicado pelo aumento do consumo de produtos petrolíferos no Chade e pela queda dos seus preços. As emissões de CO_2 no Chade atingiram um pico em 2015 e só voltarão a atingir esse nível em 2019. O Chade confirma, por conseguinte, a presença de CO_2 e um estudo deste tipo é inteiramente apropriado neste contexto.

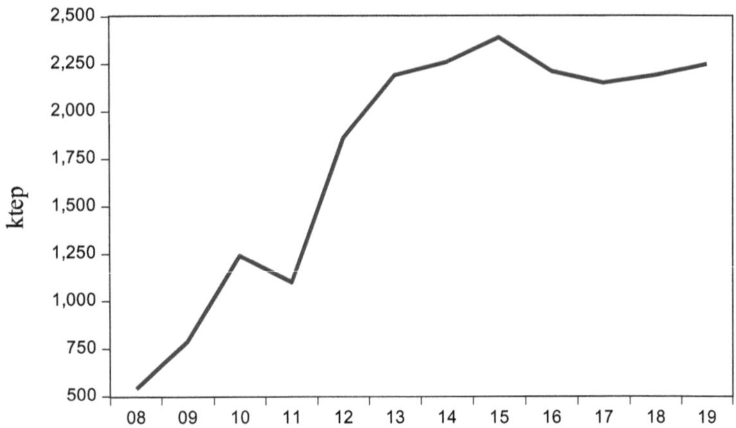

Figura 10 Evolução das CO_2 no Chade de 2008 a 2019

A Fig. 11 abaixo mostra o consumo de produtos petrolíferos no Chade durante o período 2008-2019. Este consumo aumentou ligeiramente entre 2008 e 2010. O consumo de produtos petrolíferos no Chade aumentou fortemente em 2011, aquando da entrada em funcionamento da refinaria NDJAMENA. Este facto levou a uma descida considerável do preço dos produtos petrolíferos no Chade, o que justifica este aumento do crescimento. O consumo de produtos petrolíferos no Chade manteve-se praticamente constante ao longo do tempo, pelo que se justifica a sua utilização como variável exógena.

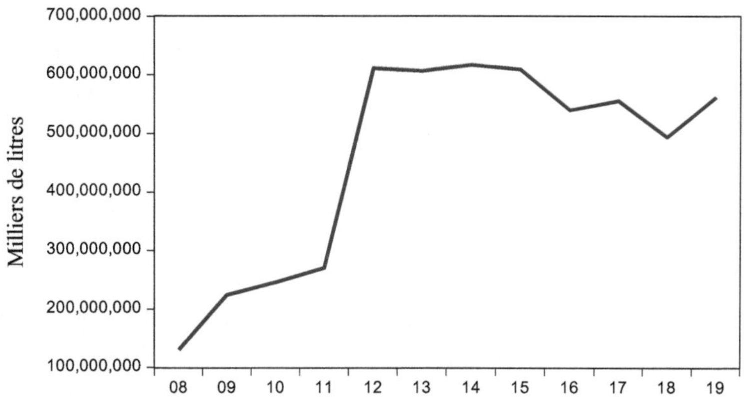

Figura 11 Consumo de produtos petrolíferos no Chade de 2008 a 2019

I.3.2Justificação dos parâmetros do preço do petróleo e da urbanização

Os preços da energia desempenham o papel de um dispositivo de racionamento na gestão dos serviços energéticos como parte do fenómeno da governação energética e podem, por conseguinte, afetar a qualidade do ambiente (Shan et al., 2021; Fatima et al., 2021). A este respeito, o aumento dos preços da energia pode levar a uma luta de governação pelas tecnologias de eficiência energética para melhorar a sustentabilidade ambiental (Shan et al., 2021; Jabeen et al., 2021). No entanto, os preços mais baixos da energia não favorecem essa luta e, por conseguinte, deterioram a qualidade ambiental (S. Zhang et al., 2019). Além disso, a introdução de reformas dos preços dos combustíveis num país pode contribuir para aumentar o preço interno do petróleo, o que pode ajudar a reduzir o consumo local de petróleo e as emissões poluentes (Mahmood et al., 2020).

Como a energia se tornou uma parte essencial da economia em praticamente todos os sectores, o petróleo também se tornou um bem estratégico para as economias de todo o mundo. Arouri et al (2012) argumentam que, embora a natureza da ligação possa mudar ao longo do tempo, o petróleo bruto desempenha um papel importante em todas as economias. Como os preços globais do petróleo flutuam ao longo do tempo devido a factores como o consumo de produtos petrolíferos, as emissões de CO_2 e muitos outros, África continua a ser uma das principais regiões em que as receitas estão seriamente ameaçadas. Por exemplo, a maioria dos países produtores de petróleo em África obtém 70-80% do rendimento nacional das exportações de petróleo, enquanto 35-60% do PIB dos produtores da região depende do petróleo (Mensah et al., 2019). Estas estatísticas mostram que a dependência do petróleo para a sobrevivência económica da maioria dos países africanos é elevada.

Compreender a relação entre o consumo de energia (combustíveis fósseis), as emissões de carbono e o preço do petróleo neste contexto no Chade, um país produtor de petróleo, é, por conseguinte, essencial para os decisores políticos e os economistas.

A Fig. 12 mostra a evolução do preço da gasolina e do gasóleo no Chade no período 2008-2019. A evolução do preço dos produtos petrolíferos na bomba mostra um aumento constante do preço do gasóleo e da gasolina entre 2008 e 2010. Durante este período, os produtos petrolíferos consumidos no Chade provinham diretamente dos países vizinhos, o que explica os preços elevados dos diferentes produtos. Com a entrada em funcionamento da empresa de refinação do Chade em 2011, os preços na bomba da gasolina e do gasóleo baixaram. Em 2011, os preços da gasolina aumentaram gradualmente, enquanto os preços do gasóleo se mantiveram constantes até 2014. Os outros anos serão marcados por tendências crescentes, decrescentes e constantes, o que pode ser devido à flutuação dos preços do petróleo no mercado internacional e à política de estabilização dos preços dos produtos petrolíferos que o governo chadiano está a implementar através da ARSAT.

Além disso, a urbanização inclui geralmente a urbanização económica, a urbanização da população, a urbanização dos solos e a urbanização social, e tem um impacto nas emissões de CO_2 (Li e Haneklaus, 2022; S. Wang et al., 2018).. A urbanização é um fator importante devido à existência e presença de seres humanos e perturba o ciclo global do carbono. Consequentemente, pode ter um impacto significativo nos recursos naturais e no ambiente, e pode alterar profundamente os ecossistemas (Grodzicki e Jankiewicz, 2022; Ulucak e Khan, 2020; Zhang et al., 2014).

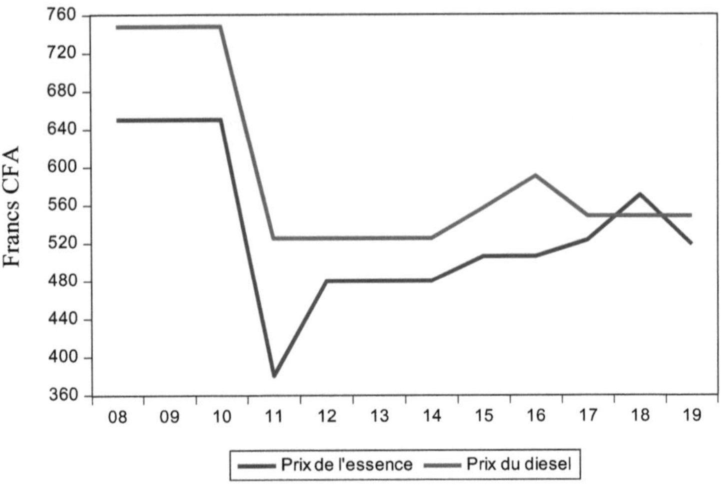

Figura 12 Evolução dos preços da gasolina e do gasóleo no Chade de 2008 a 2019

Em geral, um aumento da população urbana conduz a emissões mais elevadas de CO_2enquanto o envelhecimento da população pode reduzir as emissões de CO_2 (Grodzicki e Jankiewicz, 2022). O estudo da relação dinâmica entre a urbanização e as emissões de carbono é útil para compreender melhor como podem ser alcançados os objectivos de redução das emissões. CO_2 podem ser alcançados. Este estudo é igualmente útil para fornecer estudos de caso das economias mais industrializadas para os países em vias de industrialização (Li e Haneklaus, 2022).

A nível mundial, as zonas urbanas são responsáveis por 71% das emissões globais relacionadas com a energia. CO_2 globais relacionadas com a energia. De acordo com a Agência Internacional da Energia, esta percentagem aumentará para 76% até 2030. Os elevados níveis de urbanização, o rápido crescimento económico e as elevadas emissões de gases com efeito de estufa são caraterísticas do continente africano. CO_2 são caraterísticas do continente africano. Além disso, metade da população vive em zonas urbanas no continente africano e as previsões apontam para uma taxa de urbanização de 75% até 2050. Esta elevada taxa de urbanização está a conduzir à degradação ambiental (Hossain, 2011). Em África, o modelo de urbanização adequado é contrário às exigências de uma economia verde e de baixas emissões de carbono. Por conseguinte, torna-se necessário um planeamento adequado da urbanização para limitar as emissões de carbono. CO_2.

O Chade tinha uma população de quase 15 milhões de habitantes em 2018 (CDN, 2021). A taxa média de crescimento anual da população passou de 2,4% no período 1985-2000 para 3,9% no período 2000-2015 (TCNTCC, 2020). Prevê-se que esta população atinja 19,34 milhões em 2025 e 44,21 milhões em 2050, de acordo com o cenário tendencial (TCNTCC, 2020). Tendo em conta o aumento previsto da população do Chade, será, portanto, necessário controlá-la para cuidar da poluição local. Por último, vários outros autores na literatura utilizaram o fator urbanização como variável explicativa das emissões de CO_2. Entre estes contam-se os trabalhos de Mahmood et al (2022)e os de Shahbaz et al (2014)os de Poumanyvong e Kaneko (2010) e os de Zhang e Cheng (2009).

A Fig. 13 mostra a tendência da urbanização no Chade entre 2008 e 2019. Verifica-se que a população urbana do Chade está a aumentar durante este período. O aumento é bastante considerável ao longo do tempo e merece uma atenção especial.

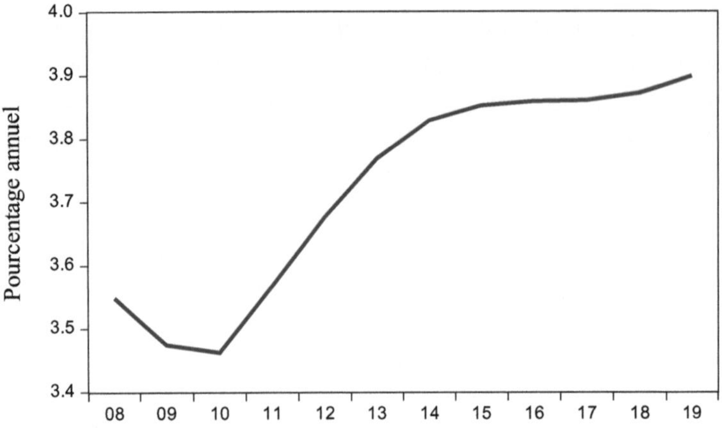

Figura 13 Crescimento da população urbana no Chade de 2008 a 2019

I.4 Revisão da literatura

I.4.1Relação entre o consumo de energia no sector dos transportes e as emissões de gases com efeito de estufa CO_2

Vários autores apresentaram uma série de estudos sobre a relação entre o consumo de energia no sector dos transportes e as emissões de gases com efeito de estufa. CO_2. Existe, portanto, uma grande variedade de análises desta relação em vários países. Por exemplo, Arora e Kaur (2020) examinam a relação de longo prazo entre o consumo de combustíveis fósseis, o crescimento económico e as emissões de gases com efeito de estufa na economia dos BRICS. CO_2 na economia dos BRICS. Os dados abrangem o período 1990-2014. Os resultados da causalidade são obtidos utilizando a técnica de causalidade em painel Dumitrescu-Hurlin. Os autores encontraram uma causalidade unidirecional entre o consumo de combustível e a degradação ambiental. Concluem que os governos das economias emergentes devem concentrar-se mais nas fontes de energia não convencionais, a fim de manter o ambiente saudável e, ao mesmo tempo, tornar o crescimento sustentável a longo prazo.

Em conformidade com os Objectivos de Desenvolvimento Sustentável das Nações Unidas, Umar et al (2021) estudaram o impacto do consumo de energia de biomassa, do consumo de energia de combustíveis fósseis e do crescimento económico (PIB) nas emissões de dióxido de carbono (CO_2) no sector dos transportes nos Estados Unidos. Este estudo também utiliza a cointegração Gregory-Hansen, a cointegração Hatemi-J, a regressão de cointegração (FMOLS, DOLS e CCR) e o teste de causalidade espetral Breitung-Candelon para o período entre 1981T1 e 2019T4. Os resultados mostram que o aumento do consumo de energia de combustíveis fósseis está associado a um aumento das emissões de CO_2 provenientes do sector dos transportes. A longo prazo, o consumo de energia proveniente de combustíveis fósseis conduz a emissões de CO_2 do sector dos transportes nos Estados Unidos a diferentes níveis de frequência. Este estudo oferece perspectivas políticas para o sector dos transportes nos Estados Unidos e noutras economias semelhantes que reproduzam as mesmas condições.

Gokmenoglu e Sadeghieh (2019) examinam a relação entre o desenvolvimento financeiro e a degradação ambiental na Turquia de 1960 a 2011 e utilizam um quadro multivariado que se centra no crescimento económico e no consumo de combustível como determinantes adicionais da degradação ambiental. Os resultados mostram que, a longo prazo, o consumo de combustível tem um impacto positivo e elástico nas emissões de carbono de 2,82%. Por conseguinte, o termo de correção de erro implica que o CO_2 se move em direção ao seu nível de equilíbrio a longo prazo a uma velocidade de ajustamento de 16,97% através das contribuições do consumo de combustíveis fósseis, mas também do produto interno bruto (PIB) e do desenvolvimento financeiro. Em análises simétricas, Wang et al (2021) mostraram uma cointegração entre a dependência do petróleo, as emissões e o rendimento. Os países analisados neste estudo, incluindo a China e a Índia, têm uma elevada procura de petróleo e também uma elevada taxa de emissões de gases com efeito de estufa. CO_2 de gases com efeito de estufa. No entanto, esta cointegração é corroborada em países como a França e os Estados Unidos. Os resultados sugerem que os países exportadores de petróleo com elevadas emissões devem CO_2 diversificar os seus circuitos petrolíferos e elaborar políticas energéticas mais abrangentes, capazes de conceber planos de ação a longo prazo e de contribuir para manter o equilíbrio entre a procura de petróleo e as emissões de gases com efeito de estufa. CO_2. Sugerem também que se apoie a penetração no mercado das energias renováveis, a fim de reduzir a dependência destes países em relação ao petróleo e tornar as suas actividades económicas e industriais mais limpas.

Chandran e Tang (2013) avaliam o impacto do consumo de energia no sector dos transportes e do investimento direto estrangeiro nas emissões de gases com efeito de estufa. CO_2 para as 5 economias asiáticas, utilizando o método de cointegração e a causalidade de Granger. Os resultados mostram uma causalidade bidirecional entre o consumo de energia no sector dos transportes, o investimento direto estrangeiro e as emissões de gases com efeito de estufa na Tailândia e na Malásia. CO_2 na Tailândia e na Malásia. Estes autores propõem o controlo do consumo de energia no sector dos transportes como uma solução para reduzir significativamente as emissões de gases com efeito de estufa. CO_2. Sugerem que um sistema de transportes eficiente e políticas destinadas a minimizar o consumo de combustíveis fósseis devem ser postos em prática para promover a melhoria ambiental.

O trabalho de Solís e Sheinbaum (2013) apresenta uma desagregação do consumo de combustível e das emissões de CO CO_2 relacionadas para o transporte rodoviário de passageiros e de mercadorias no México. Os resultados mostram que os veículos particulares a gasolina foram responsáveis por 32,6 % das CO_2 em 2010, seguidos dos veículos ligeiros de mercadorias a gasolina com 25%, dos autocarros interurbanos a gasóleo com 11,3% e dos veículos pesados de mercadorias a gasóleo com 12%. Sugerem que a atenuação das emissões de GEE se deve basear em políticas de redução do consumo de combustível dos veículos a gasolina, nomeadamente através de normas de eficiência dos combustíveis, mas também na redução da utilização de automóveis particulares pelos transportes públicos e pela logística do transporte ligeiro de mercadorias.

Schipper et al (2011) analisaram as emissões de GEE do sector dos transportes dos EUA entre 1960 e 2008 através do crescimento económico, da transferência modal, da eficiência e do teor de carbono. Paralelamente, Schipper et al (2011) apresentam as alterações no consumo de energia no sector dos transportes devido à utilização de combustíveis e a uma economia baseada nos combustíveis. Schipper et al (2011) para vários países industrializados. As tendências das emissões dos transportes em Espanha, no contexto da União Europeia, são analisadas por de Cáceres e Martínez (2009).

Os estudos sobre a relação entre o consumo de energia e as emissões de CO CO_2 como os de Antonakakis et al (2017) mostram que a causalidade entre as emissões CO_2 e o consumo de energia é bidirecional, apoiando assim a hipótese do feedback. Nnaji et al. (2013) estudam a relação causal entre o fornecimento de eletricidade, o consumo de combustíveis fósseis, as emissões de CO CO_2 e o crescimento económico na Nigéria durante o período 1971-2009 num quadro multivariado. Utilizando a abordagem do teste de cointegração, encontraram uma relação de curto e longo prazo entre as variáveis com uma relação positiva e estatisticamente significativa entre as emissões de CO CO_2 e o consumo de combustíveis fósseis. Entre outras coisas, propõem a redução das emissões CO_2 de emissões através do desenvolvimento de alternativas ao consumo de combustíveis fósseis, a principal fonte de CO_2. Lotfalipour et al (2010) estudam as relações causais entre o crescimento económico, as emissões de CO_2 e o consumo de combustíveis fósseis utilizando o método Toda-Yamamoto no Irão durante o período 1967-2007. **Utilizam** o consumo total de combustíveis fósseis, produtos petrolíferos e gás natural como três indicadores do consumo de energia. Os resultados empíricos mostram que não existe causalidade de Granger entre o consumo total de combustíveis fósseis e as emissões de carbono a longo prazo. Consequentemente, a redução do consumo de energia parece ser um meio ativo de reduzir as emissões de carbono. CO_2. Alam et al (2011) analisaram a relação entre o consumo de energia, o PIB e as CO_2 PIB e as emissões na Índia utilizando uma modelação dinâmica. Ozcan (2013) examinou a relação entre as emissões de carbono, a utilização de energia e o PIB utilizando a análise de dados em painel. Zhang e Nian (2013) investigaram as influências dos sectores dos transportes nas emissões de carbono numa perspetiva regional, utilizando uma análise de dados de painel. CO_2 de carbono numa perspetiva regional na China, e quantificaram as emissões futuras de CO_2.

Outros autores analisaram a relação entre o consumo de combustíveis fósseis e as emissões de CO CO_2 incorporando o preço do petróleo ou a densidade populacional como indicador de urbanização. Por exemplo, Mensah et al (2019) estudam a relação causal entre o crescimento económico, o consumo de combustíveis fósseis, as emissões de carbono e o preço do petróleo durante o período de 1990 a 2015, utilizando um painel de 22 países africanos. Os resultados mostram um nexo de causalidade bidirecional entre o consumo de combustíveis fósseis e as emissões de carbono. CO_2 A análise dos resultados mostra que o consumo de combustíveis fósseis e as emissões de carbono são mais elevados a longo prazo e a curto prazo para todos os painéis

Uzair Ali et al (2022) estudaram o impacto do desenvolvimento económico, do consumo de combustíveis fósseis e da densidade populacional nas emissões de CO CO_2 na Índia, no Paquistão e no Bangladeche, utilizando dados anuais para o período 1971-2014. Os resultados mostram que o consumo de combustíveis fósseis e a densidade populacional têm um impacto positivo nas CO_2 a longo prazo. Por outro lado, os autores concluíram que não existe causalidade entre o consumo de combustíveis fósseis e as emissões de gases com efeito de estufa. CO_2 . No entanto, existe uma causalidade a curto prazo entre a densidade populacional e o consumo de combustíveis fósseis, e as emissões de CO_2 influenciam a densidade populacional. Os autores sugerem a utilização de tecnologias eficientes e com baixo teor de carbono.

Aplicando o modelo de desfasamento distributivo autoregressivo (ARDL) e o modelo vetorial de correção de erros (VECM) ao longo do período 1990-2015, Danish et al (2018) examinaram a relação entre o consumo de energia no sector dos transportes, o crescimento económico e as emissões de dióxido de carbono (CO_2) do sector dos transportes no Paquistão, tendo em conta o investimento direto estrangeiro e a urbanização. Os resultados empíricos desta investigação indicam um impacto significativo do consumo de energia do sector dos transportes nas emissões de dióxido de carbono. CO_2. Além disso, o impacto da urbanização nas emissões do sector dos transportes CO_2 do sector dos transportes é estatisticamente insignificante. Sugerem, portanto, que o governo se concentre na promoção de meios de transporte eficientes do ponto de vista energético, a fim de melhorar a qualidade do ambiente, reduzindo simultaneamente os efeitos negativos sobre o crescimento económico.

Hossain (2011) examinou a relação entre CO_2o consumo de energia, o crescimento económico, a abertura comercial e a urbanização para um painel de nove países recentemente industrializados, incluindo a Malásia, as Filipinas e a Tailândia. O estudo mostra que o rendimento e o consumo de energia têm um impacto significativo a longo prazo nas emissões de gases com efeito de estufa. CO_2 O estudo mostra que o rendimento e o consumo de energia têm um impacto significativo a longo prazo nas emissões de gases com efeito de estufa nas Filipinas e na Tailândia, mas não na Malásia. O teste de causalidade do painel de Granger indica que não existe causalidade a longo prazo entre o rendimento, o consumo de energia e as emissões de CO CO_2.

O sector petrolífero e o preço do petróleo podem afetar as emissões de CO_2 nos países importadores e exportadores de petróleo. Na sua análise simétrica, Mensah et al (2019) exploraram a questão para o continente africano utilizando uma abordagem de cointegração de painel. Utilizaram dados de painel de 1990 a 2015 para 22 países africanos, e a amostra continha países exportadores e não exportadores de petróleo. Para ambas as categorias, foi encontrada uma relação causal unidirecional entre os preços do petróleo e o rendimento, a utilização de combustíveis fósseis e as emissões de gases com efeito de estufa. CO_2. Esta causalidade entre vários indicadores do preço do petróleo e a poluição também foi encontrada noutros estudos, como os de Ji et al (2018) e Hammoudeh et al (2014).

O trabalho de Mahmood et al (2022) mostra que, a longo prazo, o aumento do preço do petróleo tem um impacto positivo nas emissões de gases com efeito de estufa. CO_2. Tem também um efeito negativo e corrobora os efeitos técnicos e de composição no Kuwait. Por outro lado, a descida dos preços do petróleo tem um impacto positivo nas CO_2 no Barém e um efeito negativo no Kuwait.

Sadorsky (2009) afirmou que o aumento dos preços do petróleo teve um efeito negativo no consumo de energias renováveis nos países do G7. Esta constatação implica que o aumento dos preços do petróleo e a volatilidade do mercado petrolífero podem conduzir a um aumento das CO_2 reduzindo o consumo de energias renováveis. Este resultado tem fortes implicações, particularmente para os países exportadores de petróleo, para o controlo e regulação dos preços do petróleo e para assegurar que a utilização de combustíveis fósseis é reduzida de modo a que os efeitos negativos no ambiente não sejam irreversíveis. Como parte de uma análise espacial, Li et al (2020) estudaram os preços da energia e o seu impacto nas emissões de gases com efeito de estufa na China. CO_2 na China. Mostraram que os preços da energia podem ter um impacto negativo significativo nas emissões de gases com efeito de estufa, tanto direta como indiretamente. CO_2 Os autores mostraram que os preços da energia podem ter um impacto negativo significativo nas emissões de gases com efeito de estufa, tanto direta como indiretamente, e que estes preços da energia têm efeitos em cadeia.

Böhringer et al (2021) argumentaram que as emissões nacionais CO_2 poderiam ser reduzidas através de uma política uniforme de fixação de preços das emissões a nível de toda a economia e que as receitas provenientes CO_2 poderiam ser recicladas na Alemanha. Para cumprir os seus objectivos ambientais, a Alemanha fixou preços mais elevados para as CO_2mais elevados para as emissões, o que se traduz em maiores receitas para as famílias. M. Y. Malik et al (2020) analisaram os preços do petróleo, os rendimentos e o seu impacto nas CO_2 no Paquistão. Para eles, a curto prazo, o preço do petróleo acelerou as emissões de CO_2. No entanto, a longo prazo, a relação é inversa e os preços do petróleo reduzem as emissões de CO_2.

Ignorando a análise assimétrica nos países do CCG, a literatura tem investigado o papel dos preços do petróleo nas emissões de carbono. CO_2. Aldubyan e Gasim (2021) analisaram o papel das reformas dos preços da energia na Arábia Saudita e exploraram a resposta da procura e os impactos ambientais e económicos. Relataram que os preços mais baixos da energia estão a levar a um aumento da procura e do consumo de energia. No entanto, há também uma ressalva, uma vez que existe um desperdício inevitável de energia e de recursos relevantes com um rápido aumento da procura. Esta dinâmica leva a que se dê menos atenção à eficiência energética em geral e muito menos às energias renováveis ou sustentáveis. Consequentemente, a regulação dos preços da energia pode, por sua vez, ter efeitos diretos e indirectos nas emissões de gases com efeito de estufa. CO_2. Se os preços da energia forem mantidos a um nível competitivo, a sua utilização pode ser eficiente, assegurando também a manutenção dos objectivos ambientais.

Outro estudo sobre os preços do petróleo e as emissões de CO CO_2 na região do CCG fornece orientações práticas sobre o assunto. Alkathery e Chaudhuri (2021) estudaram os preços do petróleo, as emissões e as acções energéticas na região do CCG. Concluíram que os preços do petróleo, as emissões e a produção mundial de energia limpa são co-móveis. Confirmaram os efeitos de arrastamento destas variáveis e as volatilidades do mercado e sugeriram políticas de diversificação das receitas.

Entre outros determinantes importantes, a urbanização é também um determinante crucial das emissões e alguns trabalhos estudaram a relação entre urbanização e emissões poluentes no âmbito de análises simétricas. Mahmood et al (2022) afirmam que a urbanização afecta positivamente as emissões de CO_2 no Barém, em Omã, no Qatar e nos EAU (Emirados Árabes Unidos). Sugerem, por isso, que estes países imponham um imposto sobre o carbono às actividades urbanas com utilização intensiva de energia, para desencorajar as emissões poluentes, e que as receitas deste imposto sejam utilizadas para incentivar uma utilização mais limpa da energia nas zonas urbanas.

Meng et al (2021) argumentam que tanto a urbanização como a industrialização aumentam as emissões de carbono. Defendem igualmente que a urbanização aumenta as emissões mais rapidamente do que o crescimento industrial. Os seus resultados concluíram que, embora se concentrem no desenvolvimento industrial e na rápida atividade urbana, os países precisam de estimar os benefícios e os potenciais danos ambientais para a região, uma vez que o custo pode, por vezes, ser superior ao benefício, o que pode deixar cicatrizes permanentes. De facto, o custo pode, por vezes, ser superior ao benefício, o que pode ter um impacto negativo permanente no ambiente. Os resultados do estudo confirmam as conclusões de muitas outras análises realizadas sobre um tema semelhante, que mostraram que a industrialização e a urbanização parecem estar a prejudicar o ambiente (Dong et al., 2019; Al-Mulali et al., 2015; Cherniwchan, 2012).

S. Wang et al (2018) examinaram o efeito da urbanização, do nível de rendimento e de outras variáveis que contribuem para o aumento das emissões de gases com efeito de estufa. CO_2. Dividiram os países em várias categorias com base nos seus níveis de rendimento, o que proporcionou outro nível de contexto à sua análise. Sugerem que CO_2 estão relacionadas com a energia em todos os níveis de rendimento. Por conseguinte, quer se trate de um país de baixo rendimento, de rendimento médio ou de rendimento elevado, é necessário prestar especial atenção à velocidade de urbanização para reduzir as emissões de CO_2.

Abdallh e Abugamos (2017) utilizando uma abordagem semi-paramétrica, exploraram uma ideia semelhante para a região MENA (Médio Oriente e Norte de África) e mencionaram que as emissões aumentam com a urbanização e o aumento dos rendimentos. Sugeriram políticas para reduzir os impactos negativos do crescimento e da urbanização. Na sua opinião, isto pode ser conseguido de várias formas, incluindo uma regulamentação mais rigorosa da utilização de energia e a adoção de tecnologias mais avançadas e respeitadoras do ambiente para alcançar o crescimento económico e a urbanização, mantendo o ambiente limpo e sustentável.

Mahmood et al (2020) estudaram a urbanização, o sector petrolífero e as emissões de CO CO_2 e encontraram um efeito positivo da urbanização e do rendimento nas CO_2 na Arábia Saudita. Sendo um país com abundância de petróleo e o maior exportador de petróleo do Médio Oriente, o sector petrolífero da Arábia Saudita tem um impacto significativo na sua economia e noutros indicadores socioeconómicos. Por conseguinte, não há dúvida de que o sector petrolífero do país terá inevitavelmente um nível de CO_2 e pode ter efeitos negativos significativos no ambiente. Para além disso, Majeed et al (2021) constataram que a abundância de petróleo melhorou e a urbanização deteriorou o ambiente na região do CCG (Conselho de Cooperação do Golfo).

Por último, o crescimento do sector dos transportes rodoviários na China conduziu a um aumento considerável da procura de petróleo e das emissões de carbono do país nas últimas duas décadas, sendo provável que estas tendências se mantenham na ausência de medidas específicas para reduzir a intensidade média de carbono dos veículos rodoviários. CO_2 O aumento da procura de petróleo e das emissões de carbono no país nas últimas duas décadas, sendo expetável que estas tendências se mantenham na ausência de medidas específicas para reduzir a intensidade média de carbono dos veículos rodoviários. Com isto em mente, o trabalho de Gambhir et al (2015 descreve um modelo para efetuar uma análise de cenários do impacto, em termos de custos e emissões de

CO CO_2 da substituição dos actuais tipos de transmissão dos veículos por alternativas no período 2010-2050. Além disso, efectuam uma análise detalhada dos custos adicionais e das poupanças de emissões de CO_2 de cada tipo de veículo hipocarbónico nas suas partes componentes para calcular o custo marginal de redução de cada veículo e tipo de transmissão em 2050. Os resultados deste estudo indicam que os automóveis de passageiros e os veículos pesados de mercadorias representam a maior parte do potencial de redução das emissões de CO CO_2 no futuro, mas que, utilizando pressupostos de custos centrais, os grupos motopropulsores alternativos são significativamente mais rentáveis para os camiões do que para os automóveis de passageiros. No cenário hipocarbónico, a procura de produtos petrolíferos (gasolina e gasóleo) é mais de 40% inferior à do cenário de manutenção do status quo em 2050. O custo total da atenuação em 2050 é de 64 mil milhões de dólares (2010) por ano, ou seja, 1,3% das despesas totais anuais com transportes rodoviários na China em 2050, utilizando uma taxa de desconto de 5% para anualizar os custos de aquisição de veículos, embora este custo aumente com taxas de desconto mais elevadas. Uma análise de sensibilidade mostra que medidas adicionais às do cenário de baixo carbono poderiam reduzir ainda mais as emissões, nalguns casos com um custo negativo. A disponibilidade e transparência do modelo significa que uma série de outros cenários e sensibilidades podem ser testados e desenvolvidos, para ajudar a planear uma estratégia de descarbonização óptima para este sector de carbono intensivo.

Outros autores, tais como Tsiakmakis et al (2017) indicam que, para avaliar a evolução das emissões CO_2dos veículos rodoviários baseiam-se geralmente em estimativas da composição futura da frota ou em abordagens que consideram os veículos a um nível bastante agregado. Por conseguinte, o seu trabalho propõe um novo método para o cálculo pormenorizado das emissões de CO_2 da frota europeia de veículos ligeiros, a fim de obter melhores resultados na projeção das CO_2 e apoiar melhor as políticas futuras. Os resultados mostram que os aumentos das emissões CO_2 são maiores para os automóveis com valores de emissão NEDC (Novo Ciclo de Condução Europeu) mais baixos (29 e 25g CO_2/km para veículos que emitem 100 e 119g CO_2/km, respetivamente). Além disso, para níveis de emissões mais elevados, o NEDC e o WLTP (Worldwide Light duty vehicle Test Procedure) apresentam resultados comparáveis. Temos também o trabalho de Fontaras et al (2017) que examina a influência dos vários factores que afectam o consumo de combustível e as emissões dos veículos, tanto na estrada como em laboratório. CO_2 Na estrada e em laboratório. Factores como a configuração do veículo e as condições de tráfego são novamente confirmados como tendo uma influência importante. Além disso, os controlos de qualidade do CO_2 combinados com a monitorização do consumo em utilização, poderiam ser utilizados para avaliar a diferença numa base contínua. Por último, tendo em conta que a introdução de veículos com emissões zero e de materiais leves numa frota de veículos com motores de combustão interna convencionais e intensivos em aço terá um impacto no consumo de energia e nas necessidades de materiais para automóveis, González Palencia et al (2012 desenvolveram um modelo dinâmico de contabilidade ascendente da frota de veículos ligeiros para reduzir o consumo de energia e as emissões de CO_2. Os resultados mostram que a frota de veículos de passageiros na Colômbia irá aumentar seis vezes entre 2010 e 2050. Os veículos eléctricos a bateria oferecem as maiores reduções no consumo de energia e nas emissões de CO CO_2.

Os estudos acima referidos centram-se geralmente no impacto do consumo de combustíveis fósseis, do preço do petróleo, da urbanização e do parque automóvel nas emissões de gases com efeito de estufa. CO_2 Os estudos sobre o impacto das emissões de gases com efeito de estufa, quer individualmente quer em conjunto, e as relações de causalidade existentes entre as diferentes variáveis em estudo. Além disso, os resultados destes estudos não são conclusivos. Ao utilizar as séries temporais do Chade, este estudo é o primeiro a associar simultaneamente as emissões de CO CO_2o consumo de produtos petrolíferos, o preço dos produtos petrolíferos, o parque automóvel e a urbanização em geral e no Chade em particular.

I.4.2 Modelos de previsão ligados às emissões de CO_2 e uma breve panorâmica dos trabalhos anteriores neste domínio

Uma variedade de factores tem impactos incertos e complexos nas emissões finais de carbono, tornando mais difícil prever as emissões de CO_2 provenientes da combustão de combustíveis. Para resolver este problema, muitos trabalhos publicados tentaram prever as emissões CO_2 por sector. Por exemplo, Köne e Büke (2010) fizeram projecções de CO_2 da combustão de combustíveis em países selecionados utilizando a análise de tendências. Pérez-Suárez e López-Menéndez (2015) combinaram projecções ambientais de Kuznets com modelos de crescimento logístico para prever CO_2 para prever as emissões de diferentes países. Para prever as CO_2 a nível provincial, Sun et al (2017) propuseram uma nova máquina de aprendizagem extrema baseada na otimização por enxame de partículas (PSO-ELM) através da integração da análise de factores. Ding et al (2019) indicaram que as emissões de carbono da China atingirão o seu pico em 2030 e, em seguida, diminuirão significativamente em cenários de taxas de carbono baixas e elevadas. Wang et al (2020) projectaram que, no período de 2019-2030, as emissões de carbono dos EUA permanecerão numa tendência descendente, enquanto as emissões de carbono da China e da Índia continuarão a aumentar. Xu et al (2019) estimaram que o pico das emissões CO_2 ocorrerá em 2029, 2031 ou 2035, ao nível de 10,08, 10,78 e 11,63 mil milhões de toneladas nos cenários de baixo crescimento, crescimento moderado e crescimento elevado. Com base em Kaya ID, Yuan et al (2014) forneceram uma previsão e concluíram que as emissões da China atingirão o seu pico em 2030 e 2035, com 9,2 - 9,4 mil milhões de toneladas de CO CO_2. Yu et al (2018) estimaram que a China atingirá provavelmente o seu pico em 2023, com emissões totais de 11,21 - 11,56 mil milhões de toneladas. Q. Wang et al (2018) concluíram que a taxa de crescimento anual da procura de energia na China entre 2017 e 2026 será de 1,36% a 1,70% (linear simples), 1,04% a 1,49% (linear híbrido), 1,80% a 2,34% (não linear), respetivamente.

De um ponto de vista concetual, estas abordagens podem ser classificadas em três categorias (W. Xie et al., 2021). Estas incluem modelos estatísticos, métodos de aprendizagem automática e modelos Grey.

a) Modelos estatísticos

Desde então, os modelos estatísticos têm sido amplamente utilizados em várias disciplinas devido ao seu forte poder explicativo. Para prever CO_2, Zhao e Du (2015) construíram um modelo empírico de regressão em painel que pode ser considerado uma extensão da literatura sobre a curva de Kuznets ambiental (EKC) e projectaram as emissões totais dos países da amostra em quatro cenários com base nas emissões per capita do país, utilizando regressão linear múltipla e regressão polinomial múltipla. Hosseini et al (2019) exploraram as emissões de carbono até 2030 com base em pressupostos de manutenção do status quo e do Sexto Plano de Desenvolvimento. A. Malik et al. (2020) utilizaram o modelo ARIMA (Autoregressive Integrated Moving Average) para prever as emissões de carbono do Paquistão no Corredor Económico China-Paquistão. CO_2 do Paquistão no corredor económico China-Paquistão. Belbute e Pereira (2020) utilizaram um modelo de média móvel autoregressiva fraccionalmente integrada para prever as emissões de CO_2 provenientes da combustão de combustíveis fósseis e da produção de cimento em Portugal. É evidente que estes modelos podem produzir resultados satisfatórios e têm um poder explicativo desejável para um número suficiente de observações. No entanto, a sua principal limitação reside no facto de dependerem fortemente da estimação de parâmetros para identificar relações entre variáveis.

Além disso, os modelos de análise estatística, incluindo os modelos univariados, como a equação logística (Meng e Niu, 2011), a análise de tendências (Köne e Büke, 2010) e modelos multivariados: análise de regressão (Piecyk e McKinnon, 2010) e (Meng et al., 2012)também têm sido amplamente utilizados para prever as emissões relacionadas com a energia. CO_2 emissões.

b) Métodos de aprendizagem automática

Sendo um tipo avançado de algoritmo inteligente, os métodos de aprendizagem automática podem resolver os problemas de CO_2 cuja vantagem é o facto de poderem efetuar cálculos complexos. Qiao et al (2020) tiveram em conta a estabilidade negligenciada na literatura anterior e propuseram um novo algoritmo híbrido, combinando um algoritmo genético e a otimização por enxame de leões para melhorar o desempenho dos mínimos quadrados tradicionais. Os resultados da previsão das emissões de dióxido de carbono dos países desenvolvidos mostraram os méritos de uma capacidade de otimização global mais forte e de uma maior precisão. Tendo em conta múltiplos factores de influência, Zhao et al (2018) propuseram uma abordagem híbrida do algoritmo de enxame de salpicos e uma máquina de vectores de apoio de mínimos quadrados através da otimização dos parâmetros do modelo por PSO. Os resultados revelaram que ambos melhoraram a capacidade de previsão e a fiabilidade. Wen e Cao (2020) propuseram um novo método de previsão das emissões de carbono relacionadas com a energia em Xangai, no qual combinaram uma máquina de vectores de apoio, uma mutação caótica integrada melhorada e um índice de peso não linear, bem como uma análise de componentes principais. Para prever as emissões nacionais de carbono no sector da construção, Hong et al (2018) investigaram um modelo optimizado de programação da expressão genética baseado em algoritmos meta heurísticos. Ameyaw et al. (2019) conceberam um algoritmo de memória de longo e curto prazo para prever as emissões de CO_2 provenientes apenas da combustão de combustíveis fósseis e o modelo teve um bom desempenho na ausência de variáveis exógenas e de requisitos de suposição. A principal desvantagem dos métodos de aprendizagem automática é a necessidade de uma quantidade considerável de dados. Por outro lado, se a dimensão da amostra for pequena, o desempenho será fraco. Além disso, o mecanismo interno de funcionamento é desconhecido.

Além disso, os modelos não lineares inteligentes, incluindo as redes neurais artificiais (Kaynar et al., 2011)regressão difusa (Azadeh et al., 2009) e uma máquina de vectores de apoio (Sun e Liu, 2016) foram estabelecidos para prever as CO_2 com elevada eficiência. As redes neuronais artificiais são técnicas analíticas baseadas em processos de aprendizagem inspirados em sistemas biológicos, nomeadamente o sistema cognitivo humano e as funções neurológicas do cérebro. As redes neuronais são sistemas de processamento de informação distribuídos, constituídos por numerosos elementos de computação simples que interagem através de ligações ponderadas. Inspiradas na arquitetura do cérebro humano, as redes neuronais têm certas caraterísticas, como a capacidade de aprender com exemplos e de captar relações funcionais subtis entre dados, mesmo que as relações subjacentes sejam desconhecidas e difíceis de descrever. Uma rede neuronal artificial é normalmente constituída por muitos elementos de computação denominados nós. As redes neuronais são simplesmente funções não lineares parametrizadas que podem ser ajustadas aos dados para efeitos de previsão. São, por conseguinte, métodos auto-adaptáveis e orientados para os dados. Tem havido um interesse considerável no desenvolvimento de redes neuronais artificiais para resolver uma vasta gama de problemas em diferentes domínios. Uma das principais aplicações das redes neuronais artificiais é a previsão (Ardakani et al., 2018; Zhang et al., 2016). Outra técnica de computação suave que é um método muito poderoso para construir uma relação complexa e não linear entre dados de entrada e saída é a abordagem baseada em regras difusas. Uma abordagem específica no desenvolvimento neuro-fuzzy é o ANFIS (Adaptive Network-based Fuzzy Inference System), que combina as capacidades de aprendizagem da rede neural e as capacidades de raciocínio da lógica fuzzy para melhorar as capacidades de previsão em comparação com a utilização de uma única metodologia (Jang, 1993). Mardani et al (2018) aplicaram um modelo de sistema de inferência neuro-fuzzy adaptativo para estudar as relações entre CO_2 as emissões e o consumo de energia nos países do G20. Os resultados mostram que, à medida que o consumo de energia aumenta em alguns países, as emissões de CO_2 continuarão a aumentar.

c) Modelos cinzentos

Conforme introduzido por Ofosu-Adarkwa et al (2020)é melhor concentrar-se numa sequência temporal que envolva o choque mais relevante, quando se tenta modelar uma série temporal afetada por choques. Em suma, devemos reduzir a sequência mais próxima do momento atual para captar os choques. Neste contexto, nem sempre estão disponíveis informações adequadas sobre as emissões anuais de carbono. O modelo de previsão cinzenta é conhecido como uma abordagem eficiente para prever a tendência de desenvolvimento de um sistema incerto com dados esparsos. Os modelos de previsão cinzenta oferecem outra tecnologia de modelização, que permite obter projecções precisas mesmo na presença de amostras esparsas. A teoria da previsão cinzenta, fundada por Deng, J.L. (1982)tem por objetivo determinar os parâmetros óptimos do sistema de uma equação diferencial cinzenta, através da qual o comportamento dinâmico do sistema pode ser reproduzido e previsto com precisão. Consequentemente, os modelos de previsão de Grey têm sido amplamente utilizados em vários problemas, como as taxas de câmbio (Kayacan et al., 2010)carga de eletricidade (Wu et al., 2015a)poluição ambiental (Pai et al., 2015)taxas de desemprego (Chen e

Huang, 2013)eficácia das políticas (Chen et al., 2015) e consumo de energia (Hamzacebi e Es, 2014a; Xiong et al., 2014).

A previsão das CO_2 da combustão de combustíveis é essencial para que os decisores políticos possam identificar objectivos prontos a serem utilizados em planos de redução eficazes e para melhorar as políticas e planos energéticos. É assim que W. Xie et al (2021) propõem o modelo Grey Bernoulli não linear fracionário contínuo conformável como um novo método para prever a evolução futura das emissões de CO_2 provenientes da combustão de combustíveis na China. Este modelo prevê as futuras emissões da China CO_2 da China provenientes da queima de combustíveis na China até 2023 será de 10039,80 milhões de toneladas. Ofosu-Adarkwa et al (2020) aplicaram o método de previsão de Grey para estimar as emissões de CO_2 da indústria cimenteira chinesa. O estudo forneceu uma referência para ajudar os decisores políticos a cumprir os objectivos de redução das emissões.

Guo et al (2020) implementaram um modelo Grey de pré-processamento para analisar as poupanças de energia na China. Os resultados sublinham que o desenvolvimento ecológico não só promove o desenvolvimento económico e industrial, como também reduz significativamente o consumo de energia. Pao et al (2012) utilizaram o modelo preditivo de Grey para prever as emissões de gases com efeito de estufa, o consumo de energia e a utilização de energia na China. CO_2O modelo preditivo de Grey foi utilizado para prever as emissões de gases com efeito de estufa, o consumo de energia e o crescimento económico da China. Os resultados mostram que a China precisa de melhorar a sua eficiência energética para reduzir o desperdício de energia. Xie et al

(2021) propuseram um novo modelo Grey multivariado reponderado e robusto para prever as CO_2 nos países membros da União Europeia durante o período de 2010 a 2016. Hu et al (2021) propuseram um modelo de previsão Grey optimizado para prever as emissões de dióxido de carbono em vinte países.

Dengiz et al (2018) previram as emissões de dióxido de carbono de sete países desenvolvidos aplicando o método de previsão Grey. Os resultados indicaram que sete países selecionados têm de tomar medidas para reduzir as emissões de CO_2 . Wu et al (2015) implementaram um novo modelo Grey multivariável para prever a população urbana, o consumo de energia e as emissões de CO CO_2 no Brasil, Rússia, Índia, China e África do Sul. Os resultados mostram que estes países precisam de melhorar a sua eficiência energética a fim de reduzir as emissões de gases com efeito de estufa. CO_2. Hamzacebi e Karakurt (2015) aplicaram um modelo de previsão Grey para prever as emissões relacionadas com a energia na Turquia. CO_2 relacionadas com a energia na Turquia. Os resultados mostraram que as emissões da Turquia CO_2 da Turquia aumentarão em 2025 em comparação com 2010.

Ding et al (2017) propuseram um novo modelo Grey multivariado para prever as emissões de CO_2 provenientes do consumo de combustível na China. Os resultados mostraram que o crescimento das CO_2 emissões na China se deve ao elevado consumo de energia. Wang e Ye (2017) verificaram a relação não linear e incerta entre as emissões CO_2 e o PIB, e melhoraram um modelo Grey não linear para prever as futuras emissões da China CO_2 da China de 2014 a 2020 com base em três pressupostos: crescimento económico elevado, médio e baixo na China.

Os estudos acima referidos revelam que têm sido aplicados vários modelos para prever as emissões de CO CO_2 provenientes do consumo de produtos petrolíferos no sector dos transportes rodoviários, tais como os modelos estatísticos, os modelos de aprendizagem automática e os modelos de Grey, que se destacam dos restantes. Os modelos de Grey são muito simples de compreender e têm várias vantagens (Sapnken e Tamba, 2022) requerem apenas um mínimo de quatro observações, não há necessidade de fazer suposições demasiado onerosas sobre a natureza dessas observações e são capazes de fazer previsões muito precisas (Sapnken, 2023). Para além disso, foram utilizadas variáveis como o preço dos produtos petrolíferos, o parque automóvel e a urbanização como dados de entrada adicionais. Assim, este estudo utiliza o modelo GMC (1, N) Sequencial - GA derivado do modelo tradicional de Grey que, tanto quanto sabemos, está a ser cada vez mais implementado para a previsão das emissões de gases com efeito de estufa. CO_2 O modelo GMC (1, N) é um modelo de previsão de emissões de gases com efeito de estufa, devido à sua eficiência e simplicidade, baseado no consumo de produtos petrolíferos no sector dos transportes rodoviários em geral.

Conclusão

Assim, esta investigação centra-se na relação linear e causal entre as emissões CO_2 e o consumo de produtos petrolíferos (gasolina e gasóleo), para além dos outros factores determinantes das CO_2 para além dos outros factores determinantes das emissões, ou seja, o parque automóvel, o preço do petróleo e o crescimento demográfico como indicador da urbanização. Também analisa as futuras emissões de CO_2 com base no consumo de produtos petrolíferos, nos preços dos produtos petrolíferos, no parque automóvel e na urbanização. As lacunas na literatura que este estudo pretende preencher são: (i) a inexistência de estudos que modelem as emissões de CO_2 devido ao consumo de produtos petrolíferos no transporte rodoviário no Chade. (ii) a escassez de estudos que prevejam as emissões futuras de CO_2 no Chade. Este trabalho vem, portanto, completar a literatura relativa, por um lado, à relação linear e causal que existiria entre as emissões de CO_2consumo de produtos petrolíferos, o parque automóvel, o preço do petróleo e a urbanização, que não foi abordada até à data, e, por outro lado, a previsão das emissões de CO_2 no Chade. Os resultados deste estudo orientarão os decisores da gestão da poluição petrolífera do Chade na adoção de políticas relacionadas com os efeitos do consumo de produtos petrolíferos no sector dos transportes do Chade.

CAPÍTULO II
ASPECTOS METODOLÓGICOS E FONTES DE DADOS

Introdução

Este capítulo descreve a abordagem utilizada para determinar as relações causais entre as emissões de CO CO_2o consumo de produtos petrolíferos (Super e Gasóleo), o parque automóvel, o preço dos produtos petrolíferos na bomba (Super e Gasóleo) e a urbanização. A maioria dos estudos concorda que o crescimento da população urbana é um indicador da urbanização. Relativamente ao parque automóvel, utiliza-se geralmente a combinação de automóveis, reboques e as várias máquinas relacionadas. Este capítulo também discute o método utilizado para prever as emissões de CO CO_2. A maioria dos modelos de previsão permite estabelecer a ligação funcional (se existir) entre uma variável dita dependente e várias outras variáveis ditas independentes. No nosso estudo, a variável dependente são as emissões de CO_2e as variáveis independentes são, respetivamente, o consumo de produtos petrolíferos (Super e Gasóleo), o parque automóvel, o preço dos produtos petrolíferos na bomba (Super e Gasóleo) e a urbanização.

II.1 A Estabelecimento de relações entre séries

II.1. 1Modelos de regressão linear

O modelo de regressão simples pode ser utilizado para estudar a relação entre duas variáveis. Pelas razões que veremos, o modelo de regressão simples tem limitações como ferramenta geral de análise empírica. No entanto, é por vezes apropriado como ferramenta empírica. A interpretação do modelo de regressão simples é uma boa prática para o estudo da regressão múltipla, que faremos de seguida.

a) Modelo de regressão simples

i. Tipos de modelos de regressão

- Regressão linear

$$Y_i = \beta_0 + \beta_1 X_i + \varepsilon_i \quad (1)$$

- $Y_i$ème r epresenta o resultado da variável dependente (resposta) para a unidade experimental/unidade de amostragem i
- $X_i$ème r epresenta o nível da variável independente (fator de previsão) para a unidade experimental/unidade de amostragem i
- $\beta_0 + \beta_1 X_i$ii r epresenta a relação linear (sistemática) entre Y e X (média condicional nula)
- β_0 representa a média de Y quando X=0 (intersecção de Y)
- β_1 representa a variação da média de Y quando X aumenta de 1 (declive)
- ε_i representa o termo de erro aleatório

Note-se que β_0 e β_1 são parâmetros desconhecidos. Estimamo-los utilizando o método dos mínimos quadrados.

a) Regressão polinomial (não linear)

$$Y_i = \beta_0 + \beta_1 X_i + \beta_2 X_i^2 + \varepsilon_i \quad (2)$$

Este modelo permite uma relação curvilínea (por oposição a uma linha reta). Tanto as regressões lineares como as polinomiais são propensas a problemas quando as previsões de Y são feitas fora do intervalo de valores de X utilizados para ajustar o modelo. Isto é conhecido como extrapolação.

ii. Estimativa dos mínimos quadrados

O algoritmo de estimação de parâmetros é o seguinte:

1. 11Obter uma amostra de n pares (X , Y) .... nn(X , Y).

2. Trace os valores Y no eixo vertical (para cima/para baixo) contra os valores X correspondentes no eixo horizontal (esquerda/direita).
3. Selecionar a linha $\widehat{Y}_i = b_0 + b_1 X_i$ $\hat{Y}_i$ q ue minimiza a soma dos quadrados das distâncias verticais entre os valores observados (Y) e os seus valores corrigidos ( ).

Atenção: $SCR = \sum_{i=1}^{n}(Y_i - \widehat{Y}_i)^2$

4. $_0$b é a interceção Y da equação de regressão estimada.
5. $_1$b é o declive da equação de regressão estimada

iii. M edidas de variação

- S como quadrados

- Soma total de quadrados = Soma de quadrados da regressão + Soma de quadrados do erro
- Variação total = Variação explicada + Variação não explicada
- Soma total dos quadrados (variação total):

$$SCT = \sum_{i=1}^{n}(Y_i - \bar{Y})^2 \quad df_T = n - 1 \tag{3}$$

- Soma dos quadrados da regressão (Variação explicada):

$$SCE = \sum_{i=1}^{n}(\widehat{Y}_i - \bar{Y})^2 \quad df_R = 1 \tag{4}$$

- Soma dos erros quadrados (variação não explicada):

$$SCR = \sum_{i=1}^{n}(Y_i - \widehat{Y}_i)^2 \quad df_E = n - 2 \tag{5}$$

- Coeficientes de determinação e correlação

- Coeficiente de determinação

- Proporção da variação em Y "explicada" pela regressão em X

$$r^2 = \frac{Variation\ expliquée}{\text{Variation totale}} = \frac{SCE}{SCT} \qquad 0 \leq r^2 \leq 1$$

(6)

- Coeficiente de correlação

- Medir a direção e a força da associação linear entre Y e X

$$r = sign(b_1)\sqrt{r^2} \qquad -1 \leq r \leq 1$$

(7)

- Erro padrão da estimativa (desvio padrão residual)

- $V(Y_i) = V(\varepsilon_i) = \sigma^2$ Estimativa do desvio-padrão dos dados ( )

$$S_{YX} = \sqrt{\frac{SSE}{n-2}} = \sqrt{\frac{\sum_{i=1}^{n}\left(Y_i - \hat{Y}_i\right)^2}{n-2}}$$

(8)

iv. Pressupostos do modelo

- Erros normalmente distribuídos
- Heteroskedasticidade (variância de erro constante para Y em todos os níveis de X)
- Erros independentes (geralmente verificados quando os dados são recolhidos ao longo do tempo ou do espaço)

v. Análise dos resíduos

$e_i = Y_i - \hat{Y}_i = Y_i - (b_0 + b_1 X_i)$ Resíduos: (9)

vi. Gráficos

- i $\hat{Y}_i$ A representação gráfica de e em função de pode ser utilizada para verificar uma relação linear e uma variância constante.
  - Se a relação não for linear, surge um padrão em forma de U
  - Se a variância do erro não for constante, surge um modelo em forma de funil

- Se as hipóteses forem satisfeitas, aparece uma nuvem de pontos

- iiO gráfico e em função de X pode ser utilizado para verificar uma relação linear ou uma variância constante.
  - Se a relação não for linear, surge um modelo em forma de U
  - Se a variância do erro não for constante, surge um modelo em forma de funil
  - Se as hipóteses forem satisfeitas, aparece uma nuvem de pontos aleatórios
- iO gráfico de e em função de i pode ser utilizado para verificar a independência quando os dados são recolhidos ao longo do tempo.
- iHistograma de e
  - Se a distribuição for normal, o histograma dos resíduos terá a forma de um monte, em torno de 0

vii. Medição da autocorrelação - Teste de Durbin-Watson

a) Traçar os resíduos em função do tempo

- Se os erros forem independentes, não haverá modelo (nuvem aleatória centrada em 0).
- Se os erros não forem independentes (dependentes), espera-se que se aproximem uns dos outros ao longo do tempo (forma de curva distinta, centrada em 0).

b) Teste de Durbin-Watson

- 0H : Os erros são independentes (não há autocorrelação entre os resíduos)
- AH : Os erros são dependentes (autocorrelação positiva entre os resíduos)
- Estatísticas de teste ou t-stat:

$$D = \frac{\sum_{i=2}^{n} (e_i - e_{i-1})^2}{\sum_{i=1}^{n} e_i^2} \qquad (10)$$

- $d_L(k,n)$ $d_U(k,n)$ Regras de decisão (Os valores de e são dados em Wooldridge (2010):
- $D \geq d_u(k,n)$ 0 S e então concluir H (erros independentes) em que k é o número de variáveis independentes (k=1 para a regressão simples)
- $D \leq d_L(k,n)$ A S e então concluir H (erros dependentes) em que k é o número de variáveis independentes (k=1 para a regressão simples)
- $d_L(k,n) \leq D \leq d_U(k,n)$ Se , neste caso, se abstiver de qualquer julgamento (podemos precisar de uma série mais longa)

Nota: Este é um teste que se "quer" incluir a favor da hipótese nula. Se rejeitar a hipótese nula neste teste, deve ser ajustado um modelo mais complexo.

ix. Inferências relativas ao declive

a. Teste t

O teste é utilizado para determinar se o parâmetro de declive baseado na população (β_1) é igual a um valor pré-determinado (frequentemente, mas não necessariamente 0). Os testes podem ser unilaterais (direção predeterminada) ou bilaterais (qualquer direção).

b. Teste t bicaudal

$$H_0: \beta_1 = \beta_1^0 \qquad H_A: \beta_1 \neq \beta_1^0$$

$$TS: t_{obs} = \frac{b_1 - \beta_1^0}{S_{b_1}} \qquad S_{b_1} = \frac{S_{YX}}{\sqrt{\sum_{i=1}^{n}(X_i - \overline{X})^2}}$$

$$RR: |t_{obs}| \geq t_{\frac{\alpha}{2}, n-2} \tag{11}$$

c. Teste t unilateral (cauda superior, sinais invertidos para cauda inferior)

$$H_0: \beta_1 = \beta_1^0 \qquad H_A: \beta_1 > \beta_1^0$$

$$TS: t_{obs} = \frac{b_1 - \beta_1^0}{S_{b_1}} \qquad S_{b_1} = \frac{S_{YX}}{\sqrt{\sum_{i=1}^{n} (X_i - \overline{X})^2}}$$

$$RR: t_{obs} \geq t_{\frac{\alpha}{2}, n-2} \tag{12}$$

d. Teste F (com base em k variáveis independentes)

Um teste baseado diretamente na soma dos quadrados que testa as hipóteses específicas de o parâmetro de declive ser 0 (bicaudal). O livro descreve o caso geral de k variáveis preditoras, para uma regressão linear simples, k=1

$$H_0: \beta_1 = 0 \qquad H_A: \beta_1 \neq 0$$

$$TS: F_{obs} = \frac{MCR}{MCE} = \frac{SCR/k}{SCE/(n-k-1)}$$

$$RR: F_{obs} = F_{\alpha,k,n-k-1} \tag{13}$$

e. Análise de variância (com base em k variáveis preditoras)

Tabela 4 Análise de variância (com base em k variáveis preditoras)

Fonte	df	Soma de quadrados	Quadrado médio	F
Regressão	k	SCE	MCE=SCE/k	$_{obs}$
Erro	n-k-1	SCR	MCR=SCR/(n-k-1)	---

Total	n - 1	SCT	---	---

f. $(1-\alpha)100\%$ Intervalo de confiança para o parâmetro de declive, β_1.

$$b_1 \pm t_{\frac{\alpha}{2},n-2} S_{b_1}$$

(14)

- Se todo o intervalo for positivo, concluir $\beta_1 > 0$ (Associação positiva)
- Se o intervalo contiver 0, concluir (não rejeitar) $\beta_1 = 0$ (Não há associação)
- Se todo o intervalo for negativo, concluir $\beta_1 < 0$ (Associação negativa)

g. Estimativa da média e previsão de resultados individuais

** Estimativa da resposta média da população quando X=Xi

$E[Y|X = X_i] = \beta_0 + \beta_1 X_i$ Parâmetro: (15)

$\hat{Y}_i = b_0 + b_1 X_i$ Pontos estimados: (16)

** $(1-\alpha)100\%$ $E[Y|X = X_i] = \beta_0 + \beta_1 X_i$ I ntervalo de confiança para :

$$\hat{Y}_i \pm t_{\frac{\alpha}{2},n-2} S_{YX}\sqrt{h_i} \qquad h_i = \frac{1}{n} + \frac{(X_i - \overline{X})^2}{\sum_{i=1}^{n}(X_i - \overline{X})^2}$$

(17)

** Prever um resultado futuro quando X=Xi

$Y_i = \beta_0 + \beta_1 X_i + \varepsilon_i$ Resultado futuro: (18)

$\hat{Y}_i = b_0 + b_1 X_i$ Previsão de pontos: (19)

** $(1-\alpha)100\%$ Intervalo de previsão para $Y_i = \beta_0 + \beta_1 X_i + \varepsilon_i$

$$\hat{Y}_i \pm t_{\frac{\alpha}{2},n-2} S_{YX}\sqrt{1+h_i} \qquad h_i = \frac{1}{n} + \frac{(X_i - \overline{X})^2}{\sum_{i=1}^{n}(X_i - \overline{X})^2}$$

(20)

x. Problemas associados à análise de regressão

- Conhecimento dos pressupostos do modelo
- Conhecimento dos métodos de verificação das hipóteses de modelos
- Métodos alternativos quando os pressupostos do modelo não são cumpridos

- Não compreender o contexto teórico do problema

A forma mais importante de identificar problemas com os pressupostos do modelo baseia-se nos gráficos dos dados e dos resíduos. Muitas vezes, as transformações das variáveis dependentes e/ou independentes podem resolver os problemas. Podem ser utilizados outros métodos mais complexos.

xi. Fórmulas de cálculo para a regressão linear simples

a) Equações normais (baseadas na minimização do SCR

$$\sum_{i=1}^{n} Y_i = nb_0 + b_1 \sum_{i=1}^{n} X_i$$

$$\sum_{i=1}^{n} X_i Y_i = b_0 \sum_{i=1}^{n} X_i + b_1 \sum_{i=1}^{n} X_i^2$$

por cálculo)

(21)

b) Fórmulas para calcular o declive, b_1

$$b_l = \frac{SCXY}{SCXX}$$

$$SCXY = \sum_{i=1}^{n}(X_i - \overline{X})(Y_i - \bar{Y})^2 = \sum_{i=1}^{n} X_i Y_i - \frac{(\sum_{i=1}^{n} X_i)(\sum_{i=1}^{n} Y_i)}{n}$$

$$SCXX = \sum_{i=1}^{n}(X_i - \overline{X})^2 = \sum_{i=1}^{n} X_i^2 - \frac{(\sum_{i=1}^{n} X_i)^2}{n} \quad (22)$$

c) Fórmula para calcular a interceção de y, b_0

$$b_0 = \overline{Y} - b_1 \overline{X} \quad (23)$$

d) Fórmula de cálculo da soma total dos quadrados da regressão, SCT

$$SCT = \sum_{i=1}^{n}(Y_i - \bar{Y})^2 = \sum_{i=1}^{n} Y_i^2 - \frac{(\sum_{i=1}^{n} Y_i)^2}{n} \quad (24)$$

e) Fórmula para o cálculo da soma dos quadrados explicados pela regressão, SCE $SCE = \sum_{i=1}^{n}(\hat{Y}_i - \bar{Y})^2 = b_0 \sum_{i=1}^{n} Y_i + b_1 \sum_{i=1}^{n} X_i Y_i - \frac{(\sum_{i=1}^{n} Y_i)^2}{n}$ (25)

f) Fórmula para o cálculo da soma dos quadrados dos resíduos da regressão, SCR $SCR = \sum_{i=1}^{n}(Y_i - \hat{Y}_i)^2 = \sum_{i=1}^{n} Y_i^2 - b_0 \sum_{i=1}^{n} Y_i - b_1 \sum_{i=1}^{n} X_i Y_i$ (26)

g) Fórmula para calcular o erro padrão do declive, S_{b_1}

$$S_{b_1} = \frac{S_{YX}}{\sqrt{\sum_{i=1}^{n}(X_i - \bar{X})}} \quad (27)$$

b) Regressão linear múltipla

i. Modelo de regressão múltipla com k variáveis independentes

Caso geral: Temos k variáveis que controlamos ou conhecemos antecipadamente e que são utilizadas para prever Y, a resposta (variável dependente). As k variáveis independentes são designadas por$X_1\ X_2\ X_3 \ldots X_K$. Os níveis destas variáveis para o i-ésimo caso são denotados porX_{1i},..., X_{ki} . Note-se que a regressão linear simples é um caso especial em que k=1, pelo que os métodos utilizados são apenas extensões básicas do que foi feito anteriormente.

$$y_i = \beta_0 + \beta_1 x_{1i} + \beta_2 x_{2i} + \cdots + \beta_k x_{ki} + \varepsilon_i \quad (28)$$

em que β_j é a variação da média de Y quando a variável X_j aumenta uma unidade, mantendo constantes as restantes k-1 variáveis independentes (coeficiente de regressão parcial). Isto também é referido como o declive de Y com a variável X_j mantendo os outros factores de previsão constantes.

ii. Equação (previsão) ajustada por mínimos quadrados (obtida através da minimização do RCS):

$$\hat{Y}_i = b_0 + b_1 X_{1i} + \cdots + b_k X_{ki} \quad (29)$$

iii. Coeficiente de determinação múltipla

Proporção da variação em Y "explicada" pela regressão nas k variáveis independentes.

$$R^2 = r^2_{Y.1,\ldots,k} = \frac{\sum_{i=1}^{n}(\hat{Y}_i - \bar{Y})^2}{\sum_{i=1}^{n}(Y_i - \bar{Y})^2} = \frac{SCE}{SCT} = 1 - \frac{SCR}{SCT} \quad (30)$$

iv. R² ajustado

Utilizado para comparar modelos com diferentes conjuntos de variáveis independentes em termos de capacidade de previsão. Penaliza os modelos com preditores desnecessários ou redundantes.

$$R^2 = r^2_{Y.1,\ldots,k} = \frac{\sum_{i=1}^{n}(\hat{Y}_i-\bar{Y})^2}{\sum_{i=1}^{n}(Y_i-\bar{Y})^2} = \frac{SCE}{SCT} = 1 - \frac{SCR}{SCT} \quad (31)$$

v. Análise de resíduos para regressão múltipla

Muito semelhante à regressão simples. A única diferença é que os resíduos são representados em relação a cada variável independente. Interpretações semelhantes dos gráficos. Uma revisão dos gráficos e das interpretações:

$$e_i = Y_i - \hat{Y}_i = Y_i - (b_0 + b_1 X_{1i} + \cdots + b_k X_{ki})$$ Resíduos: (32)

** Gráficos:

- $_i \hat{Y}_i$ A representação gráfica de *e* em função de pode ser utilizada para verificar uma relação linear ou uma variância constante.
  - Se a relação não for linear, surge um padrão em forma de U
  - Se a variância do erro não for constante, surge um modelo em forma de funil
  - Se os pressupostos forem cumpridos, aparece uma nuvem de pontos aleatórios

- $_{iji}$A representação gráfica de *e* em função de *X* para cada *j* pode ser utilizada para verificar a relação linear em relação a X_j
  - Se a relação não for linear, surge um padrão em forma de U

- Se os pressupostos forem cumpridos, aparece uma nuvem aleatória de pontos

- ¡O gráfico de *e* em função de *i* pode ser utilizado para verificar a independência quando os dados são recolhidos ao longo do tempo.
  - Se os erros forem dependentes, surge um modelo suave

  - Se os erros forem independentes, aparece uma nuvem de pontos aleatórios
- ¡Histograma de *e*
  - Se a distribuição for normal, o histograma dos resíduos terá a forma de um monte, em torno de 0

vi. Teste F para o modelo global

Utilizado para testar se uma das variáveis independentes está linearmente associada a **Y**

vii. Análise de variância

Soma dos quadrados totais e df:

$$SCT = \sum_{i=1}^{n}(Y_i - \bar{Y})^2 \quad df_T = n - 1 \tag{33}$$

Soma dos quadrados explicada pela regressão:

$$SCE = \sum_{i=1}^{n}(\hat{Y}_i - \bar{Y})^2 \quad df_R = k \tag{34}$$

Soma dos resíduos ao quadrado:

$$SCR = \sum_{i=1}^{n}(Y_i - \hat{Y}_i)^2 \quad df_E = n - k - 1 \tag{35}$$

Tabela 5 Análise de variância

Fonte	df	Soma de quadrados	Quadrado médio	F
Regressão	k	SCE	MCE=SCE/k	obs
Erro	n - k-1	SCR	MCR=SCR/(n-k-1)	---
Total	n - 1	SCT	---	---

vii. Teste F para o modelo global

H_0: $\beta_j = 0$ (Y não está linearmente associado a nenhuma das variáveis independentes)

H_A: $not\ all\ \beta_j = 0$ (Pelo menos uma das variáveis independentes está associada a Y)

$$F_{obs} = \frac{MSR}{MSE}$$

T S: (36)

$$F_{obs} \geq F_{\alpha,k,n-k-1}$$

R R: (37)

Valor P: Zona na distribuição F à direita do valor F_{obs}

viii. Inferências relativas aos coeficientes de regressão individuais

$_j$U tilizado para testar ou estimar o declive de *Y* em relação a *X* , depois de controlar todas as outras variáveis preditoras.

** Teste t para $\boldsymbol{\beta_j}$

$H_0: \beta_j = \beta_j{}^0$ (Frequentemente, mas não necessariamente 0) (38)

$H_A: \beta_j = \beta_j{}^0$ (39)

$t_{obs} = \frac{b_j - \beta_j^0}{S_{b_j}}$ TS: (40)

$|t_{obs}| \geq t_{\frac{\alpha}{2},n-k-1}$ RR: (41)

obs ** Valor P: Duas vezes a área da distribuição t à direita de | t |

ix. Intervalo de confiança $(\mathbf{1} - \boldsymbol{\alpha})\mathbf{100}\%$ para $\boldsymbol{\beta}_\mathbf{j}$

$$b_j \pm t_{\frac{\alpha}{2},n-k-1} S_{b_j} \quad (42)$$

- Se todo o intervalo for positivo, concluir $\beta_j > 0$ (Associação positiva)
- Se o intervalo contiver 0, concluir (não rejeitar) $\beta_j = 0$ (Não há associação)
- Se todo o intervalo for negativo, concluir $\beta_j < 0$ (Associação negativa)

x. Testar partes do modelo

Considere dois blocos de variáveis independentes:

- O bloco A que contém *k-q* variáveis independentes
- Bloco B contendo *q* variáveis independentes

Queremos testar se o conjunto de variáveis independentes no bloco B pode ser removido de um modelo que contenha o conjunto de variáveis independentes. Ou seja, as variáveis do bloco B não acrescentam qualquer valor preditivo às variáveis do bloco A.

Notação:

- SCE(A&B) é a soma dos quadrados da regressão para o modelo que contém os dois blocos
- SCE(A) é a soma dos quadrados da regressão para o modelo que contém o bloco A
- MCR(A&B) é o erro quadrático médio para o modelo que contém os dois blocos
- *k* é o número de factores de previsão no modelo que contém os dois blocos
- *q* é o número de preditores no bloco B

$_0$H : As β As variáveis do bloco B são todas 0, uma vez que as variáveis do bloco A foram incluídas no modelo.

$_A$H : As β no bloco B não são todas 0, uma vez que as variáveis no bloco A foram incluídas no modelo.

$$\text{TS: } F_{obs} = \frac{\left[\frac{SCE(A\alpha B)-SCE(A)}{q}\right]}{MSE(A\alpha B)} = \frac{\left[\frac{SCE(B|\ A)}{q}\right]}{MSE(A\alpha B)} = \frac{MCE(B|\ A)}{MSE(A\alpha B)} \quad (43)$$

$$F_{obs} \geq F_{\alpha,q,n-k-1} \text{ RR: } (44)$$

** Valor P: Zona da distribuição Y à direita do valor F_{obs}

xi. Coeficiente de determinação parcial (a notação difere do texto)

¡Mede a fração da variação em *Y* explicada por *X* , que não é explicada por outras variáveis independentes.

$$r^2_{Y2.1} = \frac{SCE(X_1,X_2)-SCE(X_1)}{SCT-SCE(X_1)} = \frac{SCE(X_2|\ X_1)}{SCT-SCE(X_1)} \quad (45)$$

$$r^2_{Y3.12} = \frac{SCE(X_1,X_2,X_3)-SCE(X_1,X_2)}{SCT-SCE(X_1,X_2)} = \frac{SCE(X_3|\ X_1,X_2)}{SCT-SCE(X_1,X_2)} \quad (46)$$

$$r^2_{Yk.12...k-1} = \frac{SCE(X_1,...,X_k)-SCE(X_1,...X_{k-1})}{SCT-SCE(X_1,...,X_{k-1})} = \frac{SCE(X_k|\ X_1,...,X_{k-1})}{SCT-SCE(X_1,...,X_{k-1})} \quad (47)$$

Note-se que, uma vez que as etiquetas são arbitrárias, podem ser construídas para qualquer variável independente.

xii. Modelos de regressão quadrática

Quando a relação entre Y e X não é linear, pode frequentemente ser aproximada por um modelo quadrático.

Modelo de população:

$$Y_i = \beta_0 + \beta_1 X_{1i} + \beta_2 X_{1i}^2 + \varepsilon_i \quad (48)$$

Modelo adaptado:

$$\hat{Y}_i = b_0 + b_1 X_{1i} + b_2 X_{1i}^2 \quad (49)$$

Teste para todas as associações: $H_0: \beta_1 = \beta_2 = 0$ $H_0: \beta_1\ and/or\ \beta_2 \neq 0$ (Teste F)

Teste para um efeito quadrático: $H_0: \beta_2 = 0$ $H_0:\ \beta_2 \neq 0$ (teste t)

xiii. Modelos com variáveis dummy

As variáveis dummy são utilizadas para incluir variáveis categóricas no modelo. Se a variável tiver m níveis, incluímos $m-1$ variáveis dummy. O caso mais simples é o das variáveis binárias com 2 níveis, como o género. A variável dummy assume o valor 1 se a caraterística de interesse estiver presente, 0 se estiver ausente.

xiv. Modelo sem interação

12Considere-se um modelo com uma variável numérica independente (*X*) e uma variável dummy (*X*). Nesse caso, o modelo para os dois grupos (caraterística presente e ausente) tem as seguintes relações com Y :

$$Y_i = \beta_0 + \beta_1 X_{1i} + \beta_2 X_{2i} + \varepsilon_i \qquad E(\varepsilon_i) = 0 \tag{50}$$

2iCaraterística presente (*X* = 1): $E(Y_i) = \beta_0 + \beta_1 X_{1i} + \beta_2 (1) = (\beta_0 + \beta_2) + \beta_1 X_{1i}$

2iNenhuma caraterística (*X* =*0*): $E(Y_i) = \beta_0 + \beta_1 X_{1i} + \beta_2 (0) = \beta_0 + \beta_1 X_{1i}$

Nota: os dois grupos têm ordenadas diferentes, mas os declives relativos a X_1 são iguais.

xv. Modelo com interação

Este modelo permite a inclinação de Y em relação a X_1 seja diferente para os dois grupos em relação à variável categórica:

$$Y_i = \beta_0 + \beta_1 X_{1i} + \beta_2 X_{2i} + \beta_3 X_{1i} X_{2i} + \varepsilon_i \qquad E(\varepsilon_i) = 0 \tag{51}$$

2iX =1: $E(Y_i) = \beta_0 + \beta_1 X_{1i} + \beta_2 (1) + \beta_3 X_{1i}(1) = (\beta_0 + \beta_2) + (\beta_1 + \beta_3) X_{1i}$

2iX =0: $E(Y_i) = \beta_0 + \beta_1 X_{1i} + \beta_2 (0) + \beta_3 X_{1i}(0) = \beta_0 + \beta_1 X_{1i}$

Nota: os dois grupos têm ordenadas e declives diferentes. Modelos mais complexos podem ser ajustados com múltiplos preditores numéricos e variáveis dummy. Ver exemplos.

II.1.2 Transformações para satisfazer as hipóteses do modelo de regressão

Existe uma vasta gama de transformações possíveis para melhorar o modelo quando os pressupostos de erro são violados. Iremos analisar especificamente dois tipos de transformações logarítmicas que funcionam bem numa vasta gama de problemas. Outras transformações podem ser úteis em situações muito específicas.

a) Transformações logarítmicas

Estas transformações podem frequentemente resolver os problemas de não linearidade, variâncias desiguais e não normalidade dos erros. Consideraremos os logaritmos na base 10 e os logaritmos naturais.

$$X' = log_{10}(X) \qquad X = 10^{X'} \tag{52}$$

$$X' = ln(X) \qquad X = e^{X'} \tag{53}$$

Caixa 1: Modelo multiplicativo (com erros multiplicativos não negativos)

$$Y_i = \beta_0 X_{1i}^{\beta_1} X_{2i}^{\beta_2} \varepsilon_i \tag{54}$$

Tomando os logaritmos (em base 10) dos dois lados, obtém-se o modelo :

$$\log_{10}(Y_i) = \log_{10}(\beta_0 X_{1i}^{\beta_1} X_{2i}^{\beta_2} \varepsilon_i) = \log_{10}(\beta_0) + \log_{10}(X_{1i}^{\beta_1}) + \log_{10}(X_{2i}^{\beta_2}) + \log_{10}(\varepsilon_i) =$$
$$\log_{10}(\beta_0) + \beta_1 \log_{10}(X_{1i}) + \beta_2 \log_{10}(X_{2i}) + \log_{10}(\varepsilon_i)$$

Procedimento: Em primeiro lugar, tomar os logaritmos de base 10 de $Y, X_1 et\, X_2$ e ajuste o modelo de regressão linear às variáveis transformadas. A relação será linear para as variáveis transformadas.

Caixa 2: Modelo exponencial (com erros multiplicativos não negativos)

$$Y_i = e^{\beta_0+\beta_1 X_{1i}+\beta_2 X_{2i}}\varepsilon_i \quad (55)$$

Tomando os logaritmos naturais dos valores de Y, obtém-se o modelo :

$$\ln(Y_i) = \beta_0 + \beta_1 X_{1i} + \beta_2 X_{2i} + \ln(\varepsilon_i) \quad (56)$$

i. Multicolinearidade

Problema: em estudos observacionais e modelos com termos polinomiais, as variáveis independentes podem estar altamente correlacionadas entre si. Surgem então dois tipos de problemas. **Intuitivamente,** as variáveis explicam a mesma parte da variação aleatória em Y. Isto significa que os coeficientes parciais da regressão não parecem significativos para os termos individuais (uma vez que explicam a mesma variação). **Matematicamente**, os erros-padrão das estimativas são inflacionados, resultando em intervalos de confiança mais alargados para os parâmetros individuais e estatísticas t mais pequenas para testar se os coeficientes de regressão parcial individuais são zero.

ii. Fator de inflação da variância (VIF)

$$VIF_j = \frac{1}{1-r_j^2} \quad (57)$$

r_j^2 jOnde é o coeficiente de determinação quando a variável *X* é regredida nas restantes *j-1* variáveis independentes. Existe um *VIF* para cada variável independente. Uma variável é considerada problemática se o seu VIF for igual ou superior a 10,0. No caso da multicolinearidade, a teoria e o senso comum devem ser utilizados para selecionar as melhores variáveis a reter no modelo. Foram desenvolvidos métodos complexos, como a regressão por componentes principais e a regressão em cumeeira, mas não os vamos prosseguir aqui, uma vez que não têm qualquer utilidade para explicar quais as variáveis independentes que estão associadas e causam alterações em *Y*.

b) Séries cronológicas e previsões

i. Modelo multiplicativo clássico

As séries cronológicas podem geralmente ser divididas em componentes que representam o nível global, a tendência linear, os padrões cíclicos, as alterações sazonais e as irregularidades aleatórias. As séries que são medidas a nível anual não podem apresentar padrões sazonais. No modelo multiplicativo, os efeitos de cada componente são multiplicados.

ii. Modelo multiplicativo observado a nível anual

$$Y_i = T_i C_i I_i \tag{58}$$

Em que os componentes são os efeitos de tendência, ciclo e irregularidade

iii. Modelo multiplicativo observado a nível sazonal

$$Y_i = T_i C_i S_i I_i \tag{59}$$

Em que os componentes são os efeitos da tendência, do ciclo, da estação e da irregularidade

c) Suavização de uma série cronológica

Os dados das séries cronológicas são geralmente suavizados para reduzir o impacto das irregularidades aleatórias em pontos de dados individuais.

i. Ienes móveis

As médias móveis centradas são médias do valor do ponto atual e dos valores vizinhos (acima e abaixo do ponto). Por serem centradas, são geralmente ímpares. As médias móveis de 3 e 5 períodos no momento i seriam as seguintes:

$$\text{MA}(3)_i = \frac{Y_{i-1} + Y_i + Y_{i+1}}{3} \qquad \text{MA}(5)_i = \frac{Y_{i-2} + Y_{i-1} + Y_i + Y_{i+1} + Y_{i+2}}{5} \tag{60}$$

É evidente que não pode haver médias móveis nos extremos inferior e superior da série.

ii. Alisamento exponencial

Este método utiliza todos os dados anteriores de uma série para a suavizar, com pesos exponencialmente decrescentes nas observações mais antigas:

$$E_1 = Y_1 \qquad E_i = WY_i + (1-W)E_{i-1} \quad i = 2,3,\ldots \quad 0 < W < 1 \tag{61}$$

O valor suavizado exponencialmente para um ponto de tempo atual pode ser utilizado como uma previsão para o ponto de tempo seguinte.

$$\hat{Y}_{i+1} = E_i = WY_i + (1-W)\hat{Y}_i \tag{62}$$

iii. Ajustamento por mínimos quadrados das tendências e previsões

Consideramos três modelos de tendência: linear, quadrático e exponencial. ¡Em cada modelo, a variável independente *X* é o período de observação *i*. ¡Se a primeira observação for o período 1, então *X* = *i*.

iv. Modelo de tendência linear

Modelo de população:

$$Y_i = \beta_0 + \beta_1 X_i + \varepsilon_i \tag{63}$$

Equação de previsão ajustada:

$$\hat{Y}_i = b_0 + b_1 X_i \tag{64}$$

v. Modelo de tendência quadrática

Modelo de população:

$$Y_i = \beta_0 + \beta_1 X_i + \beta_2 X_i^2 + \varepsilon_i \tag{65}$$

Equação de previsão ajustada:

$$\hat{Y}_i = b_0 + b_1 X_i + b_2 X_i^2 \tag{66}$$

vi. Modelo de tendência exponencial

Modelo de população:

$$Y_i = \beta_0 \beta_1^{X_i} \varepsilon_i \qquad \log_{10}(Y_i) = \log_{10}\beta_0 + X_i \log_{10}(\beta_1) + \log_{10}(\varepsilon_i) \tag{67}$$

Equação de previsão ajustada:

$$\hat{\log}_{10}(Y_i) = b_0 + b_1 X_i \qquad \hat{Y}_i = (10^{b_0})(10^{b_1})^{X_i} \tag{68}$$

A equação de previsão para este modelo exponencial é obtida ajustando primeiro uma regressão linear simples do logaritmo de Y em X e, em seguida, colocando as estimativas de mínimos quadrados da interceção y e do declive na segunda equação.

vii. Seleção de modelos com base nas diferenças

Primeiras diferenças:

$$Y_i - Y_{i-1} \qquad i = 2,\ldots,n \tag{69}$$

Segundas diferenças:

$$(Y_i - Y_{i-1}) - (Y_{i-1} - Y_{i-2}) = Y_i - 2Y_{i-1} + Y_{i-2} \qquad i = 3,\ldots,n \tag{70}$$

Diferenças em percentagem:

$$\frac{Y_i - Y_{i-1}}{Y_{i-1}} \times 100\% \qquad i = 2,\ldots,n \tag{71}$$

Se as primeiras diferenças forem aproximadamente constantes, então o modelo de tendência linear é adequado. Se as segundas diferenças forem aproximadamente constantes, então o modelo de tendência quadrática é apropriado. Se as diferenças percentuais forem aproximadamente constantes, o modelo de tendência exponencial é adequado.

d) Modelo autoregressivo para ajustamento de tendências e previsões

Os modelos autoregressivos sugerem que a resposta média é uma função linear da(s) resposta(s) anterior(es).

i. Modelo de 1ª ordem

Modelo de população:

$$Y_i = A_0 + A_1 Y_{i-1} + \varepsilon_i \tag{72}$$

Equação ajustada:

$$\hat{Y}_i = a_0 + a_1 Y_{i-1} \tag{73}$$

ii. ième Ordem do modelo P

Modelo de população:

$$Y_i = A_0 + A_1 Y_{i-1} + \cdots + A_P Y_{i-P} + \varepsilon_i \tag{74}$$

Equação ajustada:

$$\hat{Y}_i = a_0 + a_1 Y_{i-1} + \cdots + a_P Y_{i-P} \tag{75}$$

iii. Teste de significância para o termo de ordem mais elevada

$$H_0: A_P = 0 \qquad H_A: A_P \neq 0$$

$$TS: t_{obs} = \frac{a_P}{S_{A_P}} \qquad RR: |t_{obs}| \geq t_{\frac{\alpha}{2}, n-2P-1}$$

(76)

Este teste pode ser utilizado várias vezes para determinar a ordem do modelo autoregressivo. Pode começar com um valor elevado de P (digamos 4 ou 5, dependendo do comprimento da série) e depois continuar a ajustar modelos mais simples até que o teste para o último termo seja significativo.

iv. ième Equação de previsão para a ordem ajustada P

Comece por ajustar o modelo autoregressivo de ordem P a um conjunto de dados contendo n observações. Em seguida, podemos obter previsões do futuro da seguinte forma:

$$\hat{Y}_{n+1} = a_0 + a_1 Y_n + a_2 Y_{n-1} \cdots + a_P Y_{n-P+1}$$

$$\hat{Y}_{n+2} = a_0 + a_1 \hat{Y}_{n+1} + a_2 Y_n \cdots + a_P Y_{n-P+2}$$

$$\hat{Y}_{n+j} = a_0 + a_1 \hat{Y}_{n+j-1} + a_2 \hat{Y}_{n+j-2} \cdots + a_P \hat{Y}_{n+j-P}$$

(77)

$\hat{Y}$ $j \leq P$ $j > P$ Na terceira equação (caso geral), são os valores observados quando , e são os valores previstos quando .

e) Escolha de um modelo de previsão

Para determinar qual de um conjunto de potenciais modelos de previsão deve ser utilizado, é necessário, em primeiro lugar, obter os erros de previsão (resíduos). Duas medidas amplamente utilizadas são o desvio médio absoluto (DMA) e a raiz do erro quadrático médio (MSE).

$$e_i = Y_i - \hat{Y}_i \qquad MAD = \frac{\sum_{i=1}^{n} |Y_i - \hat{Y}_i|}{n} = \frac{\sum_{i=1}^{n} |e_i|}{n} \qquad MSE = \frac{\sum_{i=1}^{n} (Y_i - \hat{Y}_i)^2}{n} = \frac{\sum_{i=1}^{n} e_i^2}{n} \tag{78}$$

Os gráficos dos resíduos em função do tempo devem ser uma nuvem aleatória, centrada em 0. Podem também aparecer padrões lineares, cíclicos e sazonais, o que leva à adaptação de modelos que os tenham em conta.

f) Previsão de séries cronológicas de séries trimestrais ou mensais

Considere-se o modelo de tendência exponencial, com variáveis dummy trimestrais e mensais, baseado em séries de dados.

i. Modelo exponencial com dados trimestrais

123jPrecisamos de criar três variáveis dummy: Q , Q , e Q em que Q =1 se a observação ocorreu no trimestre j, 0 caso contrário. *i*Seja *X* o valor trimestral codificado (se o primeiro trimestre dos dados tiver de ser rotulado como 1, então *X* =*i*). O modelo populacional e o seu modelo linear transformado são:

$$Y_i = \beta_0 \beta_1^{X_i} \beta_2^{Q_1} \beta_3^{Q_2} \beta_4^{Q_3} \varepsilon_i$$

$$\log_{10}(Y_i) = \log_{10}(\beta_0) + X_i \log_{10}(\beta_1) + Q_1 \log_{10}(\beta_2) + Q_2 \log_{10}(\beta_3) + Q_3 \log_{10}(\beta_4) + \log_{10}(\varepsilon_i) \tag{79}$$

*i*i123O modelo de regressão múltipla precisa de ser ajustado com o logaritmo na base 10 de *Y* como resposta

$$\log_{10}(\hat{Y}_i) = b_0 + b_1 X_i + b_2 Q_1 + b_3 Q_2 + b_4 Q_3$$

$$\hat{Y}_i = 10^{b_0 + b_1 X_i + b_2 Q_1 + b_3 Q_2 + b_4 Q_3}$$

e *X* (que é geralmente *i*), Q , Q , e Q como variáveis independentes. O modelo ajustado é

(80)

ii. Modelo exponencial com dados mensais

É adoptada uma abordagem semelhante quando os dados são mensais. 111 Criámos 11 variáveis dummy: M ....M que tomam o valor 1 se o mês de observação for o mês correspondente à variável dummy. 1j Por outras palavras, se a observação diz respeito ao mês de janeiro, M =1 e todas as outras M são iguais a 0. O modelo populacional e o seu modelo linear transformado são os seguintes

$$Y_i = \beta_0 \beta_1^{X_i} \beta_2^{M_1} \beta_3^{M_2} \cdots \beta_{12}^{M_{11}} \varepsilon_i$$

$$\log_{10}(Y_i) = \log_{10}(\beta_0) + X_i \log_{10}(\beta_1) + M_1 \log_{10}(\beta_2) + M_2 \log_{10}(\beta_3) + \cdots + M_{11} \log_{10}(\beta_{12}) + \log_{10}(\varepsilon_i)$$

(81)

$$\log_{10}\hat{(Y_i)} = b_0 + b_1 X_i + b_2 M_1 + b_3 M_2 + \cdots + b_{12} M_{11}$$

$$\hat{Y}_i = 10^{b_0 + b_1 X_i + b_2 M_1 + b_3 M_2 + \cdots + b_{12} M_{11}}$$

(82)

A equação (82) acima é o modelo ajustado.

II. 2Fontes de dados

No nosso estudo, com o objetivo de determinar as relações causais entre as emissões de CO CO_2o consumo de produtos petrolíferos, o parque automóvel, os preços dos produtos petrolíferos e a urbanização, os dados anuais utilizados nesta investigação abrangem o período de 2008 a 2019 para o Chade (ou seja, 12 observações). Este período foi escolhido devido à disponibilidade de dados no Chade, onde utilizámos as emissões de CO_2 como variável endógena ou explicada e o consumo de produtos petrolíferos como variável explicativa, que inclui o consumo de gasóleo e de gasolina. O consumo de gasóleo e de gasolina foi escolhido devido à sua forma flexível e à sua importância como produtos petrolíferos no Chade, uma vez que parecem ser os mais consumidos nos transportes rodoviários.

Para melhor ilustrar esta relação, para além das duas variáveis de CO_2 e do consumo de produtos petrolíferos, incluímos outras variáveis, nomeadamente o parque automóvel, a urbanização e o preço dos produtos petrolíferos. Utilizámos o crescimento da população urbana como proxy da urbanização, e o parque automóvel aqui utilizado considera todos os veículos ligeiros de passageiros, carrinhas, autocarros, rígidos, tractores, semi-reboques, reboques e motociclos. Os dados sobre as emissões CO_2 provêm da base de dados do Banco Mundial e são expressos em quilotoneladas.

Os dados sobre o consumo e os preços dos produtos petrolíferos provêm da Société de Raffinage au Tchad em N'Djamena, completados por dados de ARSAT (2022) e são expressos em milhares de litros e em moeda local, respetivamente. Os dados sobre o número de veículos provêm do Ministério dos Transportes e da Segurança Rodoviária do Chade, e os dados sobre o crescimento da população urbana no Chade, como indicador da urbanização, provêm da base de dados do Banco Mundial (Banco Mundial, 2022) e são expressos em percentagem anual.

II. 3Modelo empírico

O trabalho de Danish et al (2018) utiliza o consumo de energia no sector dos transportes e a urbanização para modelar o impacto desta última nas emissões de gases com efeito de estufa. CO_2. Além disso, o estudo recente de Mahmood et al (2022) utiliza o preço do petróleo e a urbanização no seu modelo para estudar o impacto destes últimos nas emissões de gases com efeito de estufa. CO_2 nos países do Conselho de Cooperação do Golfo (CCG). Com base nos estudos acima referidos e nos trabalhos de Solís e Sheinbaum (2013)e os de Alkathery e Chaudhuri (2021) e Majeed et al (2021)Esta investigação centra-se na relação entre as emissões de CO CO_2de petróleo, o consumo de produtos petrolíferos (Super e Gasóleo), o parque automóvel, o preço do petróleo (Super e Gasóleo) e a urbanização no Chade e propõe os seguintes modelos teóricos

$$CO_{2t} = f(CSU_t, PAU_t, PSU_t, URB_t) \quad (83)$$

$$CO_{2t} = f(CGA_t, PAU_t, PGA_t, URB_t) \quad (84)$$

Onde CO_{2t}, CSU_t, CGA_t, PAU_t, PSU_t, PGA_t e URB_t representam, respetivamente, as emissões de CO_2consumo de supermercado, consumo de gasóleo, frota automóvel, preço de supermercado, preço de gasóleo e urbanização, respetivamente.

Todas as variáveis foram transformadas em logaritmo natural, de acordo com o seguinte. Ahmed et al (2016) na equação (1) para obter resultados empíricos consistentes e fiáveis (Shahbaz et al., 2016). O logaritmo natural permite assim suavizar as diferentes variáveis e efetuar interpretações sob a forma de elasticidade. Os modelos empíricos entre as CO_2 e todas as outras variáveis são os seguintes:

$$ln\,CO_{2t} = \alpha_0 + \alpha_1 lnCSU_t + \alpha_2 lnPAU_t + \alpha_3 lnPSU_t + lnURB_t + \varepsilon_t \qquad (85)$$

$$lnCO_{2t} = \alpha_0 + \alpha_1 lnCGA_t + \alpha_2 lnPAU_t + \alpha_3 lnPGA_t + \alpha_4 lnURB_t + \varepsilon'_t \qquad (86)$$

₂Em que *ln CO* $_t$, *ln* CSU_t, *ln* CGA_t, *ln* PAU_t, *ln* PSU_t, *ln* PGA_t *e ln* URB_t representam, respetivamente, o logaritmo natural das emissões de, do consumo de super, do consumo de gasóleo, da frota automóvel, *do preço do super, do preço do gasóleo e* da urbanização. CO_2emissões, o consumo de super, o consumo de gasóleo, a frota automóvel, o preço do super, o preço do gasóleo e a urbanização, respetivamente. α_0 a constante e $\varepsilon_t, \varepsilon'_t$ os termos de erro das equações (85) e (86), respetivamente.

II.3.1 TESTE DE ESTACIONARIDADE E CRITÉRIO ÓPTIMO Teste de estacionariedade e critério ótimo

Antes de processar uma série cronológica, é necessário estudar as suas caraterísticas estocásticas. Se estas caraterísticas (expetativa e variância) se alterarem ao longo do tempo, considera-se que a série temporal é não-estacionária; no caso de um processo estocástico invariante, isto significa que a série não tem tendência, não tem sazonalidade e, de um modo mais geral, não tem factores que se alterem ao longo do tempo. Diz-se então que a série temporal é estacionária.

De uma forma formalizada, o processo estocástico y_t é estacionário se :

- $E(Y_t) = E(Y_{t+m}) = \mu\ \forall t$ e $\forall m$a média é constante e independente do tempo;

- $Var(Y_t) < \infty\ \forall t$ a variância é finita e independente do tempo;
- $Cov(Y_t, Y_{t+k}) = E[(Yt - \mu)(Y_{t+k} - \mu)] = \gamma_t$, a covariância é independente do tempo.

A estacionariedade é uma condição necessária para evitar regressões espúrias, caso contrário os estimadores de mínimos quadrados ordinários (OLS) não convergirão para os coeficientes verdadeiros e os testes habituais de Student (t) e Fisher (f) deixam de ser válidos, podendo os resultados ser significativos quando não o são. Quando se utilizam dados temporais, é essencial que estes mantenham uma distribuição constante ao longo do tempo. No entanto, as crónicas económicas raramente são realizações de processos aleatórios estacionários. O facto de um processo ser ou não estacionário determina a escolha do modelo a adotar.

Regra geral, se a série em estudo é o resultado de um processo estacionário, procuramos o melhor modelo de entre a classe de processos estacionários para a representar e, em seguida, estimamos esse modelo. Por outro lado, se a série é o resultado de um processo não estacionário, devemos tentar "estacionarizá-la", ou seja, encontrar uma transformação estacionária desse processo. Os parâmetros associados à componente estacionária são então modelados e estimados. A dificuldade reside no facto de existirem diferentes fontes de não-estacionariedade e de cada fonte de não-estacionariedade ter o seu próprio método de estacionarização.

No caso de não-estacionariedade (do tipo determinístico/TS ou aleatório/DS), os autores (Dickey e Fuller, 1979) sugeriram métodos de estacionarização: a primeira diferença para séries não estacionárias DS

(Differencing Stationary) ou o desvio da tendência para séries não estacionárias TS (Trend Stationary).

a) Processo TS

O processo TS mais comummente utilizado é escrito como :

$$X_t = f(t) + \varepsilon_t \qquad (87)$$

Onde f(t) é uma função polinomial do tempo, linear ou não linear, e ε_t um processo estacionário. O processo TS mais simples é representado por uma função polinomial de grau 1. Neste caso, o processo TS é designado por linear e escreve-se :

$$X_t = a_0 + a_1 t + \varepsilon_t \qquad (88)$$

Onde ε_t representa o erro do modelo na data t. É ruído branco por definição estacionário. O processo TS é não estacionário porque E $(x_t) = a_0 + a_1 t$ depende do tempo (t). Pelo método dos mínimos quadrados ordinários, conhecendo os valores a_0 e a_1, o processo x_t pode ser estacionarizado subtraindo o valor de x_t em t ao valor estimado $\hat{a}_0 + \hat{a}_1 t$. É possível generalizar este exemplo a funções polinomiais de qualquer grau

b) Processo DS

Como já foi referido anteriormente, existe uma outra forma de não estacionariedade, que resulta não da presença de uma componente de tendência determinística, mas de uma fonte estocástica. Ao contrário dos processos TS, que são não estacionários na expetativa, os processos DS são não estacionários na variância "$V(x_t) = \sigma^2_\varepsilon t$". O processo DS é um processo que pode ser tornado estacionário por diferenciação. Este processo diz-se de primeira ordem se:

$$X_t = \beta + X_{t-1} + \varepsilon_t \qquad (89)$$

Onde ε_t é o ruído branco.

A introdução da constante β no processo DS permite definir dois processos diferentes se :

- β = 0: o processo DS é isento de desvios, escrito da seguinte forma

$$X_t = X_{t-1} + \varepsilon_t \qquad (90)$$

Como ε_t é um ruído branco, o processo DS é designado por passeio aleatório. Para estacionarizar este tipo de processo, recorremos à diferenciação.

$$X_t = X_{t-1} + \varepsilon_t \rightarrow X_t - X_{t-1} = \varepsilon_t \rightarrow \Delta X_t = \varepsilon_t \qquad (91)$$

- β ≠ 0: o processo tem o nome de DS com deriva, é escrito da seguinte forma:

$$X_t = \beta + X_{t-1} + \varepsilon_t \rightarrow X_t - X_{t-1} = \beta + \varepsilon_t \rightarrow \Delta X_t = \beta + \varepsilon_t \qquad (92)$$

Em resumo, para estacionarizar um processo TS, o método correto é o dos mínimos quadrados ordinários (regressão no tempo). Para um processo DS, deve ser utilizado o filtro de diferenças. A escolha de um processo DS ou TS para a estrutura da crónica não é, portanto, neutra.

Diz-se que uma série não estacionária é integrada de ordem "d" se, depois de ter sido diferenciada d vezes, se tornar estacionária. Diz-se que a série tem uma raiz unitária. Existem duas classes de testes de raiz unitária:

- Testes que adoptam a não-estacionariedade como H_0: distinguem-se dois casos em relação à dinâmica da tendência;
- A componente determinística segue uma tendência linear " o teste de Dickey-Fuller (DF), o teste de Dickey-Fuller Aumentado (ADF) 1981 e o teste de Phillips e Perron (PP) 1988 ".
- A componente determinística segue uma tendência não linear " o teste de Ouliaris, Park e Phillips 1989 e o teste de Perron 1989 ".
- Os testes que adoptam são H_0 o teste de Kwiatkowski, Phillips, Schmidt e Shin 1992".

A não-estacionariedade das séries pode ser detectada através da observação visual dos gráficos e correlogramas das séries cronológicas, mas o teste da raiz unitária pode ser utilizado não só para detetar a existência de não-estacionariedade, mas também para determinar de que não-estacionariedade se trata (o processo TS ou DS).

Antes de aplicar os testes de raiz unitária, é necessário escolher o número de desfasamentos "p". O valor do desfasamento "p" é determinado utilizando a função de autocorrelação parcial, a estatística Box-Pierce, ou utilizando os critérios de Akaike (AIC), Schwarz (SC) ou Hannan-Quinn (HQ). Estes últimos são utilizados para determinar o desvio ótimo. Um desvio ótimo é aquele em que o modelo estimado oferece o valor mínimo para um dos critérios enumerados. Os seus valores são calculados da seguinte forma:

$$\text{AIC(p)} = log|\Sigma| + \frac{2}{T} n^2 p \quad (93)$$

$$\text{SIC(p)} = log|\Sigma| + \frac{\log T}{T} n^2 p \quad (94)$$

$$HQ(p) = log|\Sigma| + \frac{2\log T}{T} n^2 p \quad (95)$$

Onde : Σ = matriz de variância-covariância dos resíduos estimados; T = número de observações; p = lag do modelo estimado e n = número de regressores.

O primeiro passo consiste em verificar a estacionariedade das séries temporais. Para o efeito, serão utilizados o teste de Dickey-Fuller Aumentado (ADF) e o teste de Phillips e Perron, uma vez que são fáceis de implementar no software Eviews que iremos utilizar. Os resultados destes dois testes são praticamente idênticos.

O teste mais comummente utilizado para testar a presença da raiz unitária e verificar a estacionariedade em séries de níveis e séries de diferenças é o teste de Dickey-Fuller Aumentado (ADF) 1981. O teste Dickey-Fuller simples baseia-se na hipótese de que os erros são gerados por um processo de ruído branco, mas não há nenhuma razão para que, a priori, o erro seja não correlacionado. O teste de Dickey-Fuller Aumentado (ADF) tem em conta a autocorrelação dos erros (correção paramétrica da autocorrelação). O teste consiste em testar a hipótese nula H_0 ρ=0 contra a alternativa H_1 : |ρ| < 0 e baseia-se na estimação por mínimos quadrados ordinários dos três modelos seguintes, sendo ε_t o termo de erro :

- Modelo de tendência e constante

$$\Delta X_t = \rho X_{t-1} + c + bt + \sum_{m=1}^{p} \varphi_m \Delta X_{t-m} + \varepsilon_t \quad (96)$$

- Modelo sem tendência e com constante

$$\Delta X_t = \rho X_{t-1} + c + \sum_{m=1}^{p} \varphi_m \Delta X_{t-m} + \varepsilon_t \quad (97)$$

- Modelo sem tendência e sem constante

$$\Delta X_t = \rho X_{t-1} + \sum_{m=1}^{p} \varphi_m \Delta X_{t-m} + \varepsilon_t \quad (98)$$

As estatísticas T são comparadas com a tabela T da tabela de Dickey Fuller para as séries e com a tabela de Mackinnon para os erros; se a hipótese nula for aceite num dos modelos a um determinado limiar, o processo é considerado não estacionário e se a hipótese alternativa for aceite, o processo é considerado estacionário.

II.3.2 COINTEGRAÇÃO DE GRANGER Análise de cointegração e causalidade de Granger no sentido de Toda-Yamamoto

a) Modelação ARDL

Os modelos AutoRegressive Distributed Lag/ARDL são modelos dinâmicos. Têm a particularidade de ter em conta a dinâmica temporal (desfasamento de ajustamento, expectativas, etc.) na explicação de uma variável (série temporal), melhorando assim as previsões e a eficácia das políticas (decisões, acções, etc.), ao contrário do modelo simples (não dinâmico) cuja explicação instantânea (efeito imediato ou não propagado no tempo) apenas repõe parte da variação da variável a explicar. Dentro da família dos modelos dinâmicos, existem três tipos de modelos:

- Modelos autoregressivos (AR): São modelos dinâmicos em que as variáveis explicativas incluem a variável dependente desfasada (os seus valores passados). O termo "autoregressivo" refere-se à regressão de uma variável sobre si própria, ou seja, sobre os seus próprios valores desfasados.
- Modelos de desfasamento distribuído (DL): São modelos dinâmicos em que as variáveis explicativas são o conjunto inicial de variáveis explicativas e os seus valores passados ou desfasados. O termo "desfasamento escalonado" indica que os efeitos a curto prazo das variáveis explicativas da variável endógena são diferentes dos efeitos a longo prazo.

De um momento para o outro, as escalas de reação da variável endógena a alterações nas variáveis explicativas são diferentes.

- Modelos autoregressivos com desfasamento escalonado (SLAR): São modelos que combinam as caraterísticas de dois modelos anteriores. As variáveis explicativas incluem a variável dependente desfasada e os valores passados da variável independente.

Estes modelos dinâmicos sofrem geralmente de problemas de autocorrelação dos erros, com a presença da variável endógena desfasada como fator explicativo (modelos AR e ARDL), e de multicolinearidade (modelos DL e ARDL), o que dificulta a estimação dos parâmetros por Mínimos Quadrados Ordinários/OLS. Neste caso, é importante utilizar técnicas de estimação robustas para ultrapassar estes problemas.

O modelo ARDL é utilizado por várias razões. Em primeiro lugar, o ARDL tem em conta o problema da endogeneidade, acrescentando ao modelo desfasamentos das variáveis dependentes e independentes. Em segundo lugar, ao contrário da co-integração de Johansen, o ARDL não exige que todas as variáveis do modelo se integrem pela mesma ordem; pode ser aplicado desde que as variáveis sejam estacionárias em nível ou em primeiras diferenças ou uma combinação de ambas. Além disso, a ARDL aplica-se a uma amostra de pequena dimensão (Odhiambo, 2009; Zeeshan et al., 2022). Por último, a ARDL permite estimar simultaneamente a dinâmica de longo e de curto prazo das variáveis em estudo. Para estudar a relação de cointegração de longo prazo entre as variáveis, a literatura fornece várias técnicas econométricas. Por exemplo, a técnica de Engle e Granger (1987) e as de Johansen (1988, 1991) e Pesaran et al (2001).

A co-integração entre séries pressupõe a existência de uma ou mais relações de equilíbrio de longo prazo entre elas, que podem ser combinadas com a dinâmica de curto prazo dessas séries num modelo de correção de erros (vetorial).

O teste de co-integração de Engle e Granger (1987) apenas ajuda a verificar a co-integração entre duas séries integradas da mesma ordem. Por conseguinte, está adaptado ao caso bivariado e é menos eficaz para os casos multivariados. Para compensar este facto, o teste de co-integração de Johansen (1988, 1991) foi desenvolvido e utilizado para verificar a co-integração em mais de duas séries; foi concebido para casos multivariados. No entanto, embora o teste de Johansen baseado no modelo de correção de erro autoregressivo vetorial (VECM) seja uma solução para as limitações do teste de Engle e Granger, também exige que todas as séries ou variáveis sejam integradas da mesma ordem. Na prática, nem sempre é esse o caso. Assim, quando temos várias variáveis integradas de ordens diferentes I(0) e I(1), podemos utilizar o teste de co-integração de Pesaran et al (2001).

Optámos pelo Pesaran et al (2001) por várias razões. A primeira razão é o facto de as nossas séries serem integradas em diferentes ordens I (0) e I (1). A segunda razão é que nos permite combinar a dinâmica de curto prazo com os efeitos de longo prazo, recorrendo ao modelo de correção de erros. $_2$Nesta investigação, utilizamos o modelo ARDL para estudar a relação dinâmica entre as emissões de CO, o consumo de produtos petrolíferos (Super e Gasóleo), o parque automóvel, o preço do petróleo (Super e Gasóleo) e a urbanização. A equação é a seguinte:

$$\Delta\, lnCO_{2t} = \alpha_0 + \sum_{i=1}^{t} \beta_i\, \Delta\, lnCO_{2t-i} + \sum_{i=1}^{t} \rho_i\, \Delta\, lnCPP_{t-i} + \sum_{i=1}^{t} \varphi_i\, \Delta\, lnPAU_{t-i} + \sum_{i=1}^{t} \omega_i\, \Delta\, lnPRX_{t-i} + \sum_{i=1}^{t} \Phi_i\, \Delta\, lnURB_{t-i} + \lambda_1\, lnCO_{2t-1} + \lambda_2\, lnCPP_{t-1} + \lambda_3\, lnPAU_{t-1} + \lambda_4\, lnPRX_{t-1} + \lambda_5\, lnURB_{t-1} + \varepsilon_t \quad (99)$$

Sendo **Δ** o operador de primeira diferença; α_o a constante; β_i, ρ_i, φ_i, ω_i e Φ_i representam os efeitos de curto prazo; $\lambda_1 .... \lambda_5$ representam a dinâmica de longo prazo do modelo e $\boldsymbol{\varepsilon}_t$ o termo de erro (ruído branco); ln CPP representa o logaritmo do consumo de produtos petrolíferos (Super e Gasoil) e ln PRX representa o logaritmo do preço do petróleo (Super e Gasoil).

Em seguida, para avaliar a co-integração ou a relação de longo prazo entre as variáveis endógenas e exógenas, é utilizado o teste de restrição de Wald. O valor do teste F é obtido aplicando o diagnóstico do coeficiente do teste de restrição de Wald aos parâmetros da variável de longo prazo.

Os pressupostos da co-integração são :

H_0 : $\lambda_1 = \lambda_2 = \lambda_3 = \lambda_4 = \lambda_5$ (Ausência de Co-integração) e,

H_1 $\lambda_1 \neq \lambda_2 \neq \lambda_3 \neq \lambda_4 \neq \lambda_5$ (Presença de Co-integração)

Se o valor F-stat calculado for superior ao valor do limite superior, então a hipótese nula será rejeitada, concluindo-se assim que existe co-integração. Isto significa que existe uma relação de longo prazo entre as variáveis independentes e dependentes. Quando o valor do F-stat é inferior ao valor do limite inferior, então a hipótese nula não é rejeitada; isto indica que as variáveis dependentes e independentes não têm uma relação de longo prazo porque não apresentam co-integração.

Finalmente, o resultado será considerado inconclusivo se o F-stat se situar entre os limites inferior e superior.

A abordagem de cointegração permite-nos realizar um teste de Fisher na equação ARDL selecionada com comprimentos de desfasamento adequados. Neste estudo, utilizámos os limites indicados por Narayan (2005) para a pequena dimensão da amostra de 30 ≤ n ≤ 80 para apoiar a decisão sobre as estimativas de co-integração. O passo seguinte consiste em estimar os resultados de longo e curto prazo e efetuar testes de diagnóstico para garantir a estabilidade do modelo. A equação (100) representa os modelos de curto prazo onde θi representa a velocidade de ajustamento de equilíbrio de longo prazo após o choque de curto prazo ou termo de correção de erro.

$$\Delta\, lnCO_{2t} = \beta_0 + \sum_{i=1}^{t} \beta_{\mathrm{i}}\, \Delta\, lnCO2_{\mathrm{t-i}} + \sum_{i=1}^{t} \rho_{\mathrm{i}}\, \Delta lnCPP_{\mathrm{t-i}} + \sum_{i=1}^{t} \varphi_{\mathrm{i}}\, \Delta lnPAU_{\mathrm{t-i}} + \sum_{i=1}^{t} \omega_{\mathrm{i}}\, \Delta\, lnPRX_{\mathrm{t-i}} + \sum_{i=1}^{t} \Phi_{\mathrm{i}}\, \Delta\, lnURB_{\mathrm{t-i}} + \theta_{\mathrm{i}} ECT_{\mathrm{t-1}} + \varepsilon_{\mathrm{t}} \quad (100)$$

A verificação do diagnóstico do modelo é muito importante na medida em que permite validar o modelo. O teste de correlação serial Breush-Godfrey LM e o teste de normalidade são utilizados para verificar a independência serial. O teste ARCH é também utilizado para verificar a existência de heterocedasticidade no modelo e o teste Ramsey Reset é aplicado para verificar a existência de erros de especificação no modelo. CUSUM recursivo e CUSUM de quadrados (Brown et al., 1975) são utilizados para detetar se uma estrutura auto-regressiva está a ser introduzida no modelo. Estes testes são utilizados para garantir a estabilidade dos parâmetros do modelo.

b) Causalidade de Granger na aceção de Toda-Yamamoto

Uma série de críticas aos testes de causalidade tradicionais (principalmente os de Granger) confirmaram a eficácia do teste de causalidade de Granger no sentido de (Toda e Yamamoto, 1995). Recorde-se que o teste de Granger só se aplica a séries estacionárias, o que torna essencial a realização de testes preliminares de cointegração das séries ou a análise da sua estacionariedade antes de verificar qualquer causalidade entre elas. No entanto, os testes de raiz unitária são menos eficazes em pequenas amostras e nem sempre são imparciais.

Assim, ao transformar as séries pela primeira diferença, para efeitos de estacionariedade ou de cointegração, obtêm-se boas propriedades estatísticas, mas perde-se informação sobre o nível das séries, informação essa que não deve ser suprimida, pois é enriquecedora para explicar a dinâmica do modelo em estudo. Daqui resulta que, em pequenas amostras, o teste de cointegração de Johansen é sensível a certos parâmetros de escolha susceptíveis de o enfraquecer: o desfasamento (risco de estimar um VAR sub-parametrizado) e a presença (ausência) de uma tendência determinística no VAR e/ou no espaço de cointegração (risco de perder graus de liberdade).

Estes parâmetros criam enviesamentos que conduzem frequentemente à rejeição da hipótese de ausência de cointegração quando esta é verdadeira. Esta fraqueza dos resultados da cointegração, associada à natureza enviesada dos testes de raiz unitária, reduz a eficácia do teste de causalidade de Granger (resultado aleatório) e empurra (Toda e Yamamoto, 1995) a propor procedimentos não sequenciais para testar a causalidade entre séries. Para estes autores, os testes preliminares de estacionaridade e de cointegração (procedimentos sequenciais de Granger) têm pouca importância para o economista, que deve preocupar-se mais em testar as restrições teóricas (asseguram o nível de informação). Estes dois autores propõem estimar um VAR corrigido de nível (sobre-parametrizado), para servir de base ao teste de causalidade, sob a hipótese de uma provável cointegração potencial entre séries, que incluem no modelo sem a estudarem como tal (explicitamente).

Como as nossas variáveis estão integradas em diferentes ordens I(0) e I(1), o teste tradicional de causalidade de Granger torna-se ineficaz. Neste caso, utilizamos o teste de causalidade de Granger no sentido de Toda e Yamamoto (1995) que se baseia num teste de Wald modificado (MWALD). Wolde-Rufael (2005, 2004) e Zapata e Rambaldi (1997) indicaram que o teste de Wald modificado (MWALD) evita os problemas associados ao teste de causalidade de Granger normal, ignorando qualquer possível não-estacionariedade ou cointegração entre séries. A abordagem de Toda e Yamamoto (1995) ajusta um modelo VAR aos níveis das variáveis, minimizando assim os riscos associados a qualquer identificação incorrecta da ordem de integração das séries (Amiri e Ventelou, 2012; Mavrotas e Kelly, 2001). O procedimento de teste de causalidade de Granger proposto por Toda-Yamamoto (1995) é o seguinte:

- Encontrar a ordem de integração máxima da série em estudo d_{max} utilizando testes de estacionariedade;
- Determinar o desfasamento ótimo do VAR ao nível do subestudo (k) ou do polinómio autoregressivo (AR) utilizando os critérios de informação (AIC, SC e HQ);
- Estimativa de um VAR em nível de ordem aumentada $k + d_{max}$.

Para a estimação do VAR a um nível aumentado, as condições de estacionariedade da série definirão o número de desfasamentos a adicionar ao VAR. De facto, para séries estacionárias, não é acrescentado qualquer desfasamento ao VAR (procedimento de teste padrão). No entanto, para as séries I(1), é acrescentado um desfasamento ao VAR, e assim por diante. Os modelos seguintes são, portanto, expressos como relações de causalidade de Granger no sentido Toda-Yamamoto.

22Modelo 1: Emissões de CO (CO) e consumo de combustível dos supermercados (CSU)

$$lnCO_{2t} = \alpha_0 + \sum_{i=1}^{k} \beta_{1i}\, lnCO_{2t-i} + \sum_{j=k+1}^{d_{\max}} \beta_{2j}\, lnCO_{2t-j} + \sum_{i=1}^{k} \lambda_{li}\, ln\, CSU_{t-i} + \sum_{j=k+1}^{d_{\max}} \lambda_{2j}\, ln\, CSU_{t-j} + \sum_{i=1}^{k} \Phi_{li}\, ln\, PAU_{t-i} + \sum_{j=k+1}^{d_{\max}} \Phi_{2j}\, ln\, PAU_{t-j} + \sum_{i=1}^{k} \varphi_{1i}\, ln\, PSU_{t-i} + \sum_{j=k+1}^{d_{\max}} \varphi_{2j}\, ln\, PSU_{t-j} + \sum_{i=1}^{k} \rho_{li}\, URB_{t-i} + \sum_{j=k+1}^{d_{\max}} \rho_{2j}\, URB_{t-j} + \varepsilon_{1t} \quad (101)$$

22Modelo 2: Consumo dos supermercados (CSU) e emissões de CO (CO)

$$lnCSU_{t} = \alpha_1 + \sum_{i=1}^{k} \beta_{1i}\, lnCO_{2t-i} + \sum_{j=k+1}^{d_{\max}} \beta_{2j}\, lnCO_{2t-j} + \sum_{i=1}^{k} \lambda_{li}\, lnCSU_{t-i} + \sum_{j=k+1}^{d_{\max}} \lambda_{2j}\, ln\, CSU_{t-j} + \sum_{i=1}^{k} \Phi_{li}\, ln\, PAU_{t-i} + \sum_{j=k+1}^{d_{\max}} \Phi_{2j}\, ln\, PAU_{t-j} + \sum_{i=1}^{k} \varphi_{1i}\, ln\, PSU_{t-i} + \sum_{j=k+1}^{d_{\max}} \varphi_{2j}\, ln\, PSU_{t-j} + \sum_{i=1}^{k} \rho_{li}\, URB_{t-i} + \sum_{j=k+1}^{d_{\max}} \rho_{2j}\, URB_{t-j} + \varepsilon_{2t} \quad (102)$$

22Modelo 3: Emissões de CO (CO) e consumo de gasóleo (CGA)

$$lnCO_{2t} = \alpha_0 + \sum_{i=1}^{k} \beta_{1i}\, lnCO_{2t-i} + \sum_{j=k+1}^{d_{\max}} \beta_{2j}\, lnCO_{2t-j} + \sum_{i=1}^{k} \lambda_{li}\, ln\, CGA_{t-i} + \sum_{j=k+1}^{d_{\max}} \lambda_{2j}\, ln\, CGA_{t-j} +$$

$$\sum_{i=1}^{k} \Phi_{1i}\, ln\, PAU_{t-i} + \sum_{j=k+1}^{d_{max}} \Phi_{2j}\, ln\, PAU_{t-j} + \sum_{i=1}^{k} \varphi_{1i}\, ln\, PGA_{t-i} + \sum_{j=k+1}^{d_{max}} \varphi_{2j}\, ln\, PGA_{t-j} + \sum_{i=1}^{k} \rho_{1i}\, URB_{t-i} + \sum_{j=k+1}^{d_{max}} \rho_{2j}\, URB_{t-j} + \varepsilon_{1t} \quad (103)$$

22Modelo 4: Consumo de gasóleo (CGA) e emissões de CO (CO)

$$lnCGA_t = \alpha_1 + \sum_{i=1}^{k} \beta_{1i}\, lnCO_{2t-i} + \sum_{j=k+1}^{d_{max}} \beta_{2j}\, lnCO_{2t-j} + \sum_{i=1}^{k} \lambda_{1i}\, lnCGA_{t-i} + \sum_{j=k+1}^{d_{max}} \lambda_{2j}\, ln\, CGA_{t-j} + \sum_{i=1}^{k} \Phi_{1i}\, ln\, PAU_{t-i} + \sum_{j=k+1}^{d_{max}} \Phi_{2j}\, ln\, PAU_{t-j} + \sum_{i=1}^{k} \varphi_{1i}\, ln\, PGA_{t-i} + \sum_{j=k+1}^{d_{max}} \varphi_{2j}\, ln\, PGA_{t-j} + \sum_{i=1}^{k} \rho_{1i}\, URB_{t-i} + \sum_{j=k+1}^{d_{max}} \rho_{2j}\, URB_{t-j} + \varepsilon_{2t} \quad (104)$$

2As emissões de CO provocam o consumo de super e gasóleo se $\lambda_{1i} \neq 0,\ \forall i = 1,2,\dots,k$ na equação (101) e na equação (103), respetivamente. Do mesmo modo, o consumo de super e gasóleo provoca emissões de CO_2 si $\beta_{1i} \neq 0,\ \forall i = 1,2,\dots,k$ na equação (102) e na equação (104), respetivamente. Existe uma causalidade bidirecional entre as emissões de CO_2 e o consumo de super e gasóleo se $\lambda_{1i} \neq 0$ e $\beta_{1i} \neq 0,\ \forall i = 1,2,\dots,k$ nas equações (101), (102), (103) e (104), respetivamente. Finalmente, não existe causalidade entre as emissões de CO_2 e o consumo de super e gasóleo se $\lambda_{1i} = \beta_{1i} = 0,\ \forall i = 1,2,\dots,k$ nas equações (101), (102), (103) e (104), respetivamente. A mesma inferência causal pode ser feita com os outros modelos. Poderíamos incluir muitos mais modelos, fazendo de cada uma das variáveis (por sua vez) o objeto das respectivas equações. Embora isso seja possível, os resultados nem sempre são interessantes, ou pior ainda, não são interpretáveis. Assim, modelamos e testamos apenas as equações que são interessantes e interpretáveis.

II.4 A Previsões

II.4.1 Utilização de modelos de regressão linear múltipla

A fim de estudar as emissões anuais CO_2 para os anos futuros, pode ser utilizado um modelo de regressão linear múltipla. Especificamos as emissões de CO_2 (CO_{2t}) em função do consumo de super e gasóleo (CSU_t e CGA_t), do parque automóvel (PAU_t), dos preços do super e do gasóleo (PSU_t e PGA_t), da urbanização (URB_t) e $u_t$um termo de erro. A função linear múltipla dinâmica é escrita da seguinte forma:

2Modelo de emissões de CO e consumo de supercombustível

$$CO_{2t} = \beta_0 + \beta_1 CSU_t + \beta_2 PAU_t + \beta_3 PSU_t + \beta_4 URB_t + \beta_5 CO_{2t-2} + \beta_6 CSU_{t-3} + u_t \quad (105)$$

2Modelo de emissões de CO e consumo de gasóleo

$$CO_{2t} = \beta_0 + \beta_1 CGA_t + \beta_2 PAU_t + \beta_3 PGA_t + \beta_4 URB_t + \beta_5 CO_{2t-2} + \beta_6 CGA_{t-3} + u_t \quad (106)$$

Todas as variáveis estão em forma logarítmica. $\beta_i; i = 0,1,2,3,4,5,6$ são os coeficientes de regressão. $(t-i)$ são as variáveis desfasadas. Espera-se que β_1 e β_6 sejam negativos, enquanto β_2, β_3, β_4 e β_5 deverão ser positivos pelas razões económicas habituais.

Quando nenhuma das variáveis nas equações (23) e (24) é estacionária em nível, se forem admitidas na sua forma de nível, torna-se impossível efetuar uma inferência convencional sobre os coeficientes, uma vez que isso conduz a uma regressão espúria. Uma alternativa consiste em converter os dados para os tornar estacionários, obtendo assim equações de previsão consistentes. Como vimos anteriormente, uma boa solução é diferenciar os dados para os tornar estacionários. A equação resultante envolverá, portanto, a primeira derivada das variáveis. Assim, o novo modelo (para cada) assume a seguinte forma:

$$\Delta CO_{2t} = \beta_0 + \beta_1 \Delta CSU_t + \beta_2 \Delta PAU_t + \beta_3 PSU_t + \beta_4 \Delta URB_t + \beta_5 \Delta CO_{2t-2} + \beta_6 \Delta CSU_{t-3} + u_t \quad (107)$$

$$\Delta CO_{2t} = \beta_0 + \beta_1 \Delta CGA_t + \beta_2 \Delta PAU_t + \beta_3 \Delta PGA_t + \beta_4 \Delta URB_t + \beta_5 \Delta CO_{2t-2} + \beta_6 \Delta CGA_{t-3} + u_t \quad (108)$$

Onde Δ é o operador de diferença percentual e as variáveis são sempre definidas como nas equações (110) e (111). Para estimar os coeficientes do modelo são utilizados dados do período de 2008 a 2019. Os resultados das CO_2 são apresentados no capítulo seguinte.

II.4.2 Ensaios residuais, exatidão e validação

O teste LM de Breusch-Godfrey para a correlação serial é aplicado às equações (107) e (108), indicando a ausência de correlação serial nos resíduos. O teste de heterocedasticidade é efectuado utilizando o teste de Breusch-Pagan-Godfrey.

Uma medida de exatidão é definida como a diferença entre o valor real e o valor previsto. Existe um grande número de medidas de desempenho na literatura, cada uma com as suas próprias vantagens e limitações. As mais comuns são a raiz do erro quadrático médio (RMSE), o erro absoluto médio (MAE) e o erro percentual absoluto médio

(MAPE). Estas quantidades são definidas da seguinte forma:

$$RMSE = \sqrt{\frac{1}{N}\sum_{t=1}^{N}(CO_{2t} - \widehat{CO_{2t}})^2} \tag{109}$$

$$MAE = \frac{1}{N}\sum_{t=1}^{N}\left|CO_{2t} - \widehat{CO}_{2t}\right|^2 \tag{110}$$

$$MAPE = \frac{1}{N}\sum_{t=1}^{N}\left|\frac{CO_{2t}-\widehat{CO}_{2t}}{D_t}\right|.100 \tag{111}$$

Em que CO_{2t}2r epresenta as emissões de CO efectivas , $\widehat{CO}_{2t}$2a s emissões de CO previstas pelo modelo e N é o número de observações.

A fim de avaliar o desempenho do modelo, é apresentada uma análise de erro baseada no RMSE, MAE e MAPE. Além disso, para dar uma indicação completa da validade do modelo proposto neste documento, é fornecida uma representação gráfica do ajuste entre o perfil de consumo real e a função de procura de regressão da amostra.

Um outro teste de validação é efectuado estimando a equação de previsão sobre os dados de 2008 a 2015, de modo a que os restantes 3 anos (ou seja, de 2015 a 2018) sejam reservados para avaliar o modelo sobre novos dados. Desta forma, é possível avaliar a validade do modelo sobre dados reais. As necessidades reais e previstas são apresentadas no capítulo seguinte. Além disso, um modelo de regressão é adequado quando as parcelas residuais estão dispersas aleatoriamente em torno do eixo horizontal.

Assim, com base nos testes de validação efectuados, será possível afirmar que o modelo representado pelas equações (110) e (111) é um modelo válido para estimar a procura de produtos petrolíferos nos Camarões se todas as medidas de desempenho forem garantidas.

II.4.3 Previsão das emissões de CO_2 utilizando modelos de regressão linear múltipla

Para gerar valores futuros para CO_2precisamos de obter novos valores para CSU_t, CGA_t, PAU_t, PSU_t, PGA_t e URB_tinseri-los nas Eqs. (110) e (111), e gerar CO_{2t} para $t > 2019$. As variáveis independentes são estimadas e previstas por uma regressão linear simples ao longo do tempo. Por conseguinte, podem ser representadas pelas equações seguintes:

$$CSU_t = a_1 + b_1 t \quad (112)$$

$$CGA_t = a_2 + b_2 t \quad (113)$$

$$PAU_t = a_3 + b_3 t \quad (114)$$

$$PSU_t = a_4 + b_4 t \quad (115)$$

$$PGA_t = a_5 + b_5 t \quad (116)$$

$$URB_t = a_6 + b_6 t \quad (117)$$

Em que $a_1, a_2, a_3, a_4, a_5, a_6, b_1, b_2, b_3, b_4, b_5, b_6$ são os coeficientes de regressão e t é o parâmetro temporal que indica o ano. Assumindo que 2018 é o ano corrente, as equações (112-117) são utilizadas para prever o consumo real de super e gasóleo, o parque automóvel, os preços reais de super e gasóleo e a urbanização real para as emissões de CO_2 durante o período de previsão. Os coeficientes estimados destas equações são apresentados no capítulo seguinte.

Inserindo os valores das variáveis explicativas obtidas da regressão de tendência nas equações (112-117) nas equações (107) e (108), podemos prever as emissões de CO_2 para o período de anos seguinte.

II.4.4 O O modelo de convolução Grey multivariável sequencial optimizado por algoritmos genéticos (GMC(1, N) - GA)

O modelo GMC (1, N) baseia-se em seis fases (Shen et al., 2021; Tien, 2012):

Etapa 1: Construção de sequências de entrada

Seja $X_1^{(0)}, X_2^{(0)}, \ldots, X_n^{(0)}$ e as variáveis de um sistema cinzento. $X_1^{(0)}, X_2^{(0)}, \ldots, X_n^{(0)}$ são utilizadas para construir a sequência de entrada. Cada variável na sequência de entrada é definida pela Eq. (118) :

$$X_i^{(0)} = \left\{x_i^{(0)}(1), x_i^{(0)}(2), \ldots, x_i^{(0)}(k)\right\}; \; i = 1, 2, \ldots, n; \;\; k \geq 4 \quad (118)$$

$X_i^{(0)}$ é uma sequência não negativa; k é o número de amostras da variável de entrada i^{ème} variável de entrada, e o expoente (0) representa as sequências originais. $X_1^{(0)}$ é a saída e $X_i^{(0)}, i = 2, 3, \ldots, n$ são as variáveis.

Fase 2: Funcionamento da produção acumulada

Quando $X_i^{(0)}$ é submetido à operação de geração acumulada, obtém-se a seguinte Eq. (119) :

$$X_i^{(1)} = \left\{x_i^{(1)}(1), x_i^{(1)}(2), \dots, x_i^{(1)}(k)\right\} \tag{119}$$

Onde:

$$x_i^{(1)}(t) = \sum_{m=1}^{t} x_i^{(0)}(m)\,; \quad t = 2, 3, \dots, T \tag{120}$$

O expoente (1) na Eq. (120) representa a operação de geração acumulada de primeira ordem das sequências originais. $x_i^{(1)}(k)$ aumenta continuamente. A sequência é, portanto, monotónica (Hamzacebi e Es, 2014b).

Etapa 3: Conceber o valor de fundo do sistema

O valor de fundo do sistema é definido da seguinte forma na Eq. (121):

$$Z_1^{(1)}(t) = \theta X_1^{(1)}(t) + (1-\theta) X_1^{(1)}(1-t); \quad t = 2, 3, \dots, T \tag{121}$$

O coeficiente de ajustamento horizontal θ é considerado como $0 < \theta < 1$ (Ding et al., 2018; Hamzacebi e Es, 2014b). O valor de θ é geralmente tomado como 0,5, mas deve ser escolhido de modo a reduzir os erros de previsão (Hamzacebi e Es, 2014b).

Passo 4: Estabelecer os sistemas de equações de Grey

O sistema de Grey é formado pela ligação de sequências conhecidas e desconhecidas:

$$dx_1^{(1)}(t)/dt + ax_1^{(1)}(t) = b_2 x_2^{(1)}(t) + b_3 x_3^{(1)}(t) + \dots + b_n x_n^{(1)}(t) + u \tag{122}$$

a é o coeficiente de desenvolvimento, u é o parâmetro GMC(1,n), enquanto $b_{j=1,\dots,n}$ são os coeficientes de entrada de Grey. Tien (2012) começa por considerar o lado direito da Eq. (122) em termos de $f(t)$. Depois, utilizando a fórmula do trapézio e integrando os dois lados da Eq. (122) de $t-1$ à tA Eq. (122) é aproximada pela seguinte equação de diferenças (Tien, 2012):

$$x_1^{(0)}(t) + az_1^{(1)}(t) = b_2 z_2^{(1)}(t) + b_3 z_3^{(1)}(t) + \cdots + b_n z_n^{(1)}(t) + u \qquad (123)$$

Consequentemente, a Eq. (123) pode ser considerada como um sistema de equações lineares em relação aos coeficientes $[a\, b_2\, b_3 \dots b_n\, u]^T$. Estes coeficientes são calculados pelo método dos mínimos **quadrados** (Bahrami et al., 2014; Deng, 1982; Ding et al., 2018; Hamzacebi e Es, 2014b). Assim, aplicando o método dos mínimos quadrados, $[a\, b_2\, b_3 \dots b_n\, u]^T$ são determinados como indicado na Eq. (124) :

$$A = \begin{bmatrix} a \\ b_2 \\ b_3 \\ \vdots \\ b_n \\ u \end{bmatrix} = (B^T B)^{-1} B^T Y \qquad (124)$$

Onde $B = \begin{bmatrix} -z_1^{(1)}(2) & x_2^{(1)}(2) & x_3^{(1)}(2) \dots & x_n^{(1)}(2) \\ -z_1^{(1)}(3) & x_2^{(1)}(3) & x_3^{(1)}(3) \cdots & x_n^{(1)}(3) \\ \vdots & \vdots & \vdots \ddots & \vdots \\ -z_1^{(1)}(n) & x_2^{(1)}(n) & x_3^{(1)}(n) \cdots & x_n^{(1)}(m) \end{bmatrix}$; $Y = \begin{bmatrix} x_1^{(0)}(2) \\ x_1^{(0)}(3) \\ \vdots \\ x_1^{(0)}(n) \end{bmatrix}$

Passo 5: Resolver a equação diferencial do sistema

A solução para a Eq. (122) é (Tien, 2012) :

$$\hat{x}_1^{(1)}(t) = x_1^{(0)}(1)e^{a(1-t)} + \int_1^t e^{a(\tau-t)} f(\tau)d\tau\,; \quad t \geq 2 \qquad (125)$$

O valor do qual só pode ser aproximado utilizando métodos numéricos devido à presença de um integral de convolução. Utilizando a fórmula trapezoidal, a Eq. (125) torna-se :

$$\hat{x}_1^{(1)}(t) = x_1^{(0)}(1)e^{a(1-t)} + 0.5h(t)\sum_{i=2}^{n}\left[f(\tau)e^{a(\tau-t)} + f(\tau - 1)e^{a(\tau-t-1)}\right];\ t \geq 2 \qquad (126)$$

Recorde-se que $\hat{x}_1^{(1)}(1) = x_1^{(0)}(1)$e $h(t)$ na Eq. (126) são definidos do seguinte modo $h(t) = 0$ se $t < 2$; por outro lado $h(t) = 1$

Passo 6: Inverter a operação de geração acumulada

Finalmente, os valores previstos de $\hat{x}_1^{(0)}(t)$ são obtidos pela operação de geração acumulada, como indicado na Eq. (127) :

$$\hat{x}_1^{(0)}(t) = \hat{x}_1^{(1)}(t) - \hat{x}_1^{(1)}(t-1); \qquad t \geq 2 \qquad (127)$$

A GMC (1, N) é uma melhoria significativa da versão básica da GM (1, N) em termos de qualidade. No entanto, tem várias deficiências óbvias, como demonstrado por Shen (Shen et al., 2021) demonstrou que. A precisão das GM é afetada por k, θ, a e $b_{j=1,\dots,n}$ (Ding et al., 2017; Hamzacebi e Es, 2014b; Tseng et al., 2001).. Neste estudo, os melhores valores desses parâmetros são determinados experimentalmente (em vez de usar valores arbitrários relatados na literatura). Assim, é proposto um novo modelo sequencial GMC (1, N) optimizado por AG para resolver estas deficiências, a fim de melhorar a precisão, a estabilidade e o desempenho em termos de tempo de execução da CPU.

k, θ, a e $b_{j=1,\dots,n}$ são encontrados na literatura em 0,5 e 4 para θ e k respetivamente, enquanto a e $b_{j=1,\dots,n}$ são calculados apenas uma vez durante a fase de modelação (Hamzacebi e Es, 2014a). No entanto, valores periódicos destes parâmetros podem aumentar significativamente a exatidão do GMC (1, N) (Hamzacebi e Es, 2014a). Assim, em vez de utilizar os valores relatados na literatura, calculamos experimentalmente (utilizando AC- GA) para cada período de previsão h.

O mecanismo sequencial utiliza as simulações mais recentes para a previsão, descrevendo as caraterísticas mais recentes dos dados. Isto permite que o mecanismo sequencial melhore a exatidão das previsões. Este mecanismo utiliza p sequências para modelar o GMC (1, N) e q dados de consumo para a previsão. Em cada ciclo, novos valores de k, θ, a e $b_{j=1,\dots,N}$ são calculados e optimizados pelo AG. O processo é descrito a seguir:

i. Construir GMC(1,n) utilizando $X_i^{(0)}(1), X_i^{(0)}(2), \dots, X_i^{(0)}(p)$ e calcular k, θ, a e $b_{j=1,\dots,n}$
ii. Otimizar k, θ, a e $b_{j=1,\dots,n}$ com AC-GA e previsões $\hat{X}_1^{(0)}(p+1), \hat{X}_1^{(0)}(p+2), \dots, \hat{X}_i^{(0)}(p+q)$
iii. Remover $X_i^{(0)}(1), X_i^{(0)}(2), \dots, X_i^{(0)}(p)$ da sequência, reconstruir GMC(1,n) com as sequências p mais recentes, ou seja $X_i^{(0)}(q+1), X_i^{(0)}(q+2), \dots, et\ calculer\ X_i^{(0)}(q+p)$ novos valores de k, θ, a e $b_{j=1,\dots,n}$

iv. Utilizar o AC-GA para otimizar novos cálculos k, θ, a e $b_{j=1,\ldots,n}$ e previsões $\hat{X}_1^{(0)}(p+q+1), \hat{X}_1^{(0)}(p+q+2), \ldots, \hat{X}_i^{(0)}(p+2q)$

v. Repetir os passos (ii) a (iv) até que todos os dados de emissões de CO2 necessários tenham sido previstos.

Este processo é designado por predição sequencial GMC (1, N) optimizada por AG (GMC (1, N) Sequencial - AG). As instruções acima foram escritas usando CA (passos ii e iv). Trata-se, portanto, de um GMC (1, N) - GA sequencial com AC. Ao editar a instrução "com CA" nos passos ii e iv, torna-se numa sequência GMC (1, N) - GA sem CA.

Conclusão

Este capítulo apresenta em pormenor o método utilizado neste estudo. Trata-se de testar a estacionariedade das variáveis em estudo e de determinar o número de desfasamentos e o critério de informação a utilizar. A análise de co-integração permite-nos identificar os efeitos de longo e curto prazo do nosso modelo ARDL. O teste de causalidade de Granger no sentido Toda-Yamamoto permite-nos estabelecer as influências precisas entre as emissões de CO2, o consumo de produtos petrolíferos (Super e Gasóleo), o parque automóvel, o preço dos produtos petrolíferos (Super e Gasóleo) e a urbanização. Por fim, o modelo de previsão sequencial GMC (1, N) - GA é utilizado para avaliar o consumo futuro de petróleo no Chade. CO_2 O modelo de previsão sequencial GMC (1, N) - GA é utilizado para avaliar o consumo futuro de petróleo no Chade. O capítulo seguinte apresenta em pormenor os resultados obtidos e destaca uma série de discussões para melhorar a nossa compreensão dos mesmos.

CAPÍTULO III
SIMULAÇÃO DE RESULTADOS, ANÁLISE E DISCUSSÃO

Introdução

Neste capítulo, discutimos os resultados da ligação funcional entre as emissões de CO_2 e os seus regressores (consumo de produtos petrolíferos, preço dos produtos petrolíferos na bomba, parque automóvel, urbanização e ruído branco, que devem ser idênticos e normalmente distribuídos). Em particular, apresentamos todos os testes habituais utilizados para provar que um modelo é adequado para ser utilizado em previsões. Ao mesmo tempo, quantificamos os seus efeitos a curto e longo prazo e as causalidades entre as variáveis. Uma vez validado o modelo (utilizando os critérios de validação habituais apresentados no capítulo anterior), estimamos as emissões futuras de CO_2 com base no modelo de Grey estabelecido. Com base nos resultados obtidos, concluímos este capítulo com recomendações políticas para os decisores no Chade. Isto orientá-los-á para uma melhor implementação da estratégia relacionada com as emissões de gases com efeito de estufa. CO_2.

III.1Simulação de resultados e análise

III.1. 1Estatística descritiva e correlação entre variáveis

a) Estatísticas descritivas

O quadro 6 mostra que os desvios-padrão são globalmente baixos para as diferentes séries. Esta observação pode ser explicada pela transformação logarítmica das nossas séries, que tem o efeito induzido de atenuar as variâncias entre os valores das variáveis. Para além disso, as diferentes variáveis em estudo têm uma distribuição normal de acordo com o modelo Jarque-Bera (Udemba e Yalçıntaş, 2021)..

Mesa 6 Estatísticas descritivas das variáveis

	$\ln CO_2$	ln CSU	ln CGA	ln PSU	ln PGA	ln PAU	ln URB
Média	7.382964	18.61211	19.35107	6.260847	6.365421	9.998253	1.313470
Mediana	7.682440	19.15376	19.52802	6.232292	6.313750	9.821792	1.334660
Máximo	7.779049	19.34589	19.72302	6.476972	6.620073	10.60142	1.360722
Mínimo	6.291569	17.20753	18.43153	5.940171	6.152733	9.675897	1.241889
Desvio padrão	0.494560	0.883419	0.401245	0.157119	0.170029	0.360592	0.045469
Coeficiente de assimetria	-1.157113	-0.662033	-1.020883	-0.117847	0.540024	0.795804	-0.520180
Coeficiente de achatamento	2.961098	1.594397	3.142207	2.815933	2.011278	2.003185	1.612036
Jarque-Bera	2.678577	1.864434	2.094515	0.044716	1.072038	1.763427	1.504396
Probabilidade	0.262032	0.393680	0.350899	0.977890	0.585073	0.414073	0.471329
Soma	88.59556	223.3454	232.2128	75.13017	76.38505	119.9790	15.76164
Soma de quadrados	2.690488	8.584712	1.770977	0.271550	0.318007	1.430289	0.022742
Comentários	12	12	12	12	12	12	12

Nota. ln CO_2 Emissões de CO_2 em logaritmo; **ln CSU**: Consumo dos supermercados em logaritmo; **ln CGA**: Consumo de gasóleo em logaritmo; **ln PSU**: Preço dos supermercados em logaritmo; **ln PGA**: Preço do gasóleo em logaritmo; **ln PAU**: Frota automóvel em logaritmo; **ln URB**: Urbanização em logaritmo.

b) Correlação entre as diferentes variáveis do modelo 1

O quadro 7 apresenta a estrutura de correlação entre as variáveis do modelo 1. O coeficiente de correlação entre CO_2 e o consumo de supermercado é de 0,95. Este coeficiente é positivo e bastante forte (grau de associação superior a 0,5). O mesmo se aplica a CO_2 e urbanização, cujo coeficiente de correlação é de 0,85. Consequentemente, o consumo dos supermercados está positiva e fortemente correlacionado com CO_2 à 0.95%.

Assim, uma tendência de aumento do consumo de supermercados é acompanhada por um aumento das emissões de CO_2 em 0,95%. Da mesma forma, a urbanização está positiva e fortemente correlacionada com as emissões de CO_2 à 0.85%. Assim, uma tendência ascendente no consumo de supermercados é acompanhada por um aumento das emissões de CO_2 em 0,95%. Por outro lado, o preço do super e a frota de veículos estão negativamente correlacionados com as emissões de CO_2 em 0,48% e 0,38%, respetivamente. Assim, um aumento do preço do super e do número de carros na estrada é acompanhado por uma diminuição das emissões de CO_2 em 0,48% e 0,38%, respetivamente.

Tabela 7 Correlação das variáveis do modelo 1

	ln CO_2	ln CSU	ln PSU	ln PAU	ln URB
ln CO_2	1				
ln CSU	0.95	1			
ln PSU	-0.48	-0.44	1		
ln PAU	-0.38	-0.25	0.26	1	
ln URB	0.85	0.94	-0.40	-0.30	1

Nota. **lnCO_2** Emissões de CO_2 em logaritmo; **lnCSU**: Consumo dos supermercados em logaritmo; **lnPSU**: Preço dos supermercados em logaritmo; **lnPAU**: Frota automóvel em logaritmo; **lnURB**: Urbanização em logaritmo.

c) Correlação entre as diferentes variáveis do modelo 2

O quadro 8 apresenta a estrutura de correlação entre as variáveis do modelo 2. O coeficiente de correlação entre as CO_2 e o consumo de gasóleo é de 0,87. Este coeficiente é positivo e bastante forte (grau de associação superior a 0,5). O mesmo se aplica às CO_2 com a urbanização, para a qual o coeficiente de correlação é de

0,85. Por conseguinte, o consumo de gasóleo está positiva e fortemente correlacionado com CO_2 à 0.87%. Assim, uma tendência para o aumento do consumo de gasóleo é acompanhada por um aumento das emissões de CO_2 em 0,87%. Do mesmo modo, a urbanização está positiva e fortemente correlacionada com as emissões de CO_2 à 0.85%. Assim, uma tendência para o aumento do consumo de gasóleo é acompanhada por um aumento das emissões de CO_2 em 0,87%. Por outro lado, o preço do gasóleo e o parque automóvel estão negativamente correlacionados com as emissões de CO_2 em 0,76% e 0,38%, respetivamente. Assim, um aumento do preço do gasóleo e do número de carros na estrada é acompanhado por uma diminuição das emissões de CO_2 em 0,76% e 0,38%, respetivamente.

Mesa 8 Correlação das variáveis do modelo 2

	lnCO_2	lnCGA	lnPGA	lnPAU	lnURB
ln CO_2	1				
ln CGA	0.87	1			
ln PGA	-0.76	-0.80	1		
ln PAU	-0.38	-0.21	0.05	1	
ln URB	0.85	0.76	-0.74	-0.30	1

Nota. **lnCO_2** Emissões de CO_2 em logaritmo; **lnCGA**: Consumo de gasóleo em logaritmo; **lnPGA**: Preço do gasóleo em logaritmo; **lnPAU**: Frota automóvel em logaritmo; **lnURB**: Urbanização em logaritmo.

III.1.2 Estacionaridade das variáveis e critério de seleção ótimo

a) Estacionariedade das variáveis

Os resultados dos testes de raiz unitária Augmented Dickey-Fuller (ADF) e Phillips-Perron (PP) contidos no quadro 9 confirmam que as emissões de CO_2 e o consumo de gasóleo são estacionários ao nível I (0). O consumo dos supermercados, o preço dos supermercados, o preço do gasóleo e o número de carros na estrada são estacionários ao nível I (1). Por último, a urbanização é estacionária quer ao nível I (0) com o teste ADF, quer em primeira diferença I (1) com o teste PP. Em geral, nenhuma das variáveis é estacionária na segunda diferença I (2), o que satisfaz os requisitos do teste de co-integração de fronteira ARDL.

Mesa 9 Estacionariedade das variáveis

	Nível		èreDiferença 1		
Variáveis	ADF	PP	ADF	PP	Decisões
ln CO_2	-3.38** (0.03)	-4.50*** (0.00)	_	_	I(0)
ln CSU	1.62 (0.96)	1.40 (0.94)	-1.81** (0.04)	-1.81** (0.04)	I(1)
ln CGA	-3.01** (0.04)	-3.01 (0.04)	_	_	I(0)
ln PSU	-0.42 (0.50)	-0.68 (0.39)	-4.36*** (0.00)	-4.49*** (0.00)	I(1)
ln PGA	-0.94 (0.28)	-0.65 (0.41)	-4.67*** (0.00)	-4.64*** (0.00)	I(1)
ln PAU	-0.76 (0.36)	-1.64 (0.11)	-3.08*** (0.00)	-4.31*** (0.00)	I(1)
ln URB	-3.53** (0.03)	1.79 (0.97)	_	-1.96 (0.04)	I(0) ou I(1)

Nota: ln CO_2 : Emissões de CO_2 em logaritmo; **ln CSU**: Consumo de super em logaritmo; **ln CGA**: Consumo de gasóleo em logaritmo; **ln PSU**: Preço do super em logaritmo; **ln PGA**: Preço do gasóleo em logaritmo; **ln PAU**: Frota automóvel em logaritmo; **ln**

URB: Urbanização em logaritmo; ***Significância a 1%; **Significância a 5%; (.) : Probabilidade

b) Critérios de seleção óptimos

i. Critério de seleção ótimo para o modelo 1

O quadro 10 mostra que todos os critérios de informação (AIC, SIC e HQ) convergem para um número de atrasos de 1 para o modelo 1.

Mesa 10 Seleção do número de atrasos para o modelo 1

Desfasamento	LogL	LR	FPE	AIC	SC	SEDE
0	38.65636	NA	1.52e-09	-6.119338	-5.938477	-6.233346
1	135.9313	88.43174*	5.77e-15*	-19.26023*	-18.17506*	-19.94428*

Nota:
* indica a ordem dos atrasos selecionados pelo critério
LR: estatística de teste modificada em série (cada teste ao nível de 5%)
FPE: erro de previsão final
AIC: Critério de informação de Akaike
SC: Critério de informação de Schwarz
HQ: Critério de informação de Hannan-Quinn

ii. Critério de seleção ótimo para o modelo 2

O quadro 11 mostra que todos os critérios de informação (AIC, SIC e HQ) convergem para um número de atrasos de 1 para o modelo 2.

Mesa 11 Seleção do número de atrasos para o modelo 2

Desfasamento	LogL	LR	FPE	AIC	SC	SEDE
0	42.10353	NA	8.11e-10	-6.746097	-6.565235	-6.860104
1	155.6468	103.2212*	1.60e-16*	-22.84487*	-21.75971*	-23.52892*

Nota:
* indica a ordem dos atrasos selecionados pelo critério
LR: estatística de teste modificada em série (cada teste ao nível de 5%)
FPE: erro de previsão final
AIC: Critério de informação de Akaike
SC: Critério de informação de Schwarz
HQ: Critério de informação de Hannan-Quinn

Em geral, os modelos 1 e 2 têm um número de atrasos de 1.

III.1.3 Estimação do modelo ARDL e dinâmica de longo e curto prazo

a) Estimação do modelo ARDL e dinâmica de longo e curto prazo do modelo 1

i. Estimativa do modelo ARDL para o modelo 1

O Quadro 12 apresenta a estimativa do modelo ARDL para o modelo 1. 2O modelo estimado (1,1,1,1,1,0) é geralmente bom e explica 98% da dinâmica das emissões de CO no Chade de 2008 a 2019.

Mesa 12 Estimativa do modelo ARDL para o modelo 1

Modelo ARDL(1,1,1,1,1,0)				
Variável	Coeficiente	Erro Std. Erro	Estatística t	Prob.*
ln CO_2(-1)	1.530343	0.250280	6.114533	0.0088***
ln CSU	-0.044877	0.183946	-0.243968	0.8230

ln CSU(-1)	-0.502506	0.094683	-5.307245	0.0131**
ln PSU	1.326800	0.241682	5.489869	0.0119**
ln PSU(-1)	-0.908701	0.257737	-3.525690	0.0388**
ln PAU	0.116668	0.083449	1.398072	0.2565
ln PAU(-1)	0.077904	0.044183	1.763240	0.1761
ln URB	1.414361	2.295467	0.616154	0.5814

R^2 : 0.996824

R^2 ajustado: 0,989413

Nota: ***Significância a 1%; **Significância a 5%.

ii. Valores gráficos do critério de informação SIC para o modelo 1

A Fig. 14 mostra o valor mais baixo do critério de informação SIC que oferece o menor número de atrasos. Confirma-se assim que o modelo ARDL (1,1,1,1,0) é o mais ótimo dos outros.

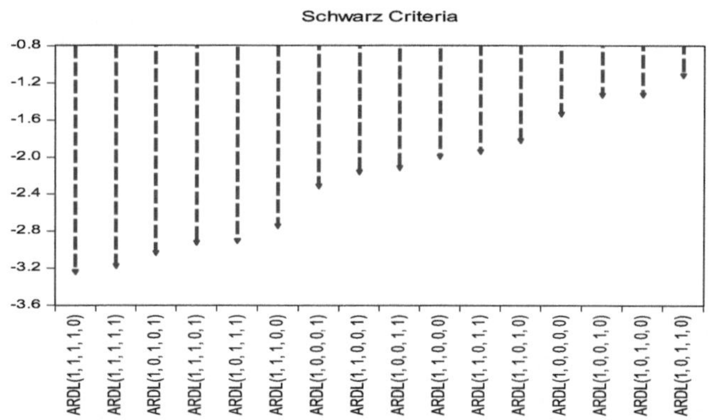

Figura 14 Representação gráfica do SIC para o modelo 1

iii. Resultados do teste de diagnóstico do modelo 1

O Quadro 13 apresenta os resultados dos testes de robustez do modelo 1. No que respeita a estes testes, que ajudam a diagnosticar o modelo ARDL (1,1,1,1,1,0) estimado, verificamos uma boa especificação deste modelo, uma ausência de autocorrelação dos erros, uma ausência de heterocedasticidade e erros que seguem uma distribuição normal. A hipótese nula é aceite para todos estes testes (P-value > 5%). O nosso modelo está assim estatisticamente validado

Mesa 13 Resultados do teste de robustez para o modelo 1

Testes de robustez	Valor de p	Resultados
Teste de reinicialização de Ramsey	0.67	O modelo está perfeitamente especificado
(Ensaio de estabilidade)	0.46	Sem correlação serial
Teste LM de correlação serial de Breusch-Godfrey	0.86 0.44	Os resíduos têm uma distribuição normal
Jarque-Bera (Teste de normalidade)		Não há evidência de heteroscedasticidade
Teste ARCH (Teste de heteroscedasticidade)		

Para além destes vários testes, existe o teste da estabilidade gráfica do modelo, nomeadamente a soma acumulada dos quadrados dos resíduos recursivos (CUSUM AT SQUARE). A representação gráfica do CUSUM AT SQUARE é dada na Fig. 15. De acordo com a diretriz, se as parcelas se mantiverem dentro do limite crítico de 5%, isso significa que os parâmetros do modelo são estáveis e consistentes. O gráfico do modelo mostra que o CUSUM AT SQUARE está dentro dos limites e ao longo do tempo para os dados do Chade.

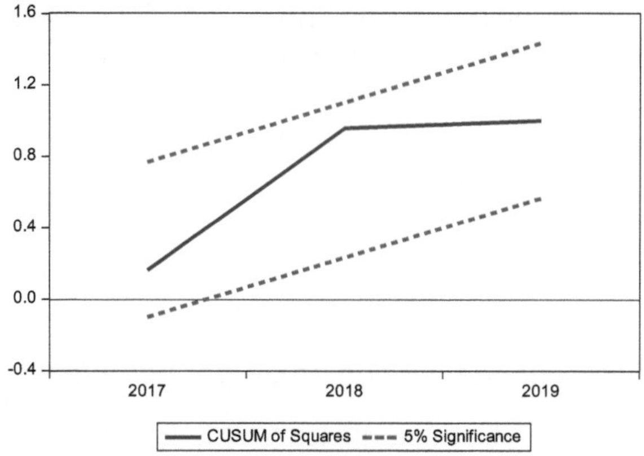

Figura 15 Representação gráfica do CUSUM de quadrados para o modelo 1

iv. Resultados do teste de co-integração

O quadro 14 apresenta os resultados da cointegração do modelo 1. Os resultados do teste de co-integração nos limites confirmam a existência de uma relação de co-integração entre as séries estudadas (o valor de F-stat é > ao do limite superior); isto permite estimar os efeitos a longo prazo do consumo de supermercado, do preço do supermercado, do parque automóvel e da urbanização nas emissões de CO_2

Mesa 14 Resultados da co-integração para o modelo 1

Teste estatístico	Valor	Significado	I(0)	I(1)
Estatística F	27.39011	10%	1.9	3.01
K	4	5%	2.26	3.48
		2.5%	2.62	3.9
		1%	3.07	4.44

v. Dinâmica a longo e a curto prazo

O Quadro 15 apresenta os resultados a longo prazo. O impacto linear do consumo dos supermercados é positivo e significativo ao nível de 5%. 2Assim, um aumento de 1% no consumo dos supermercados conduziria a um aumento de 1,03% nas emissões de CO . Além disso, o impacto linear da frota de veículos é positivo e significativo ao nível de 10%. 2Assim, um aumento de 1% no número de automóveis na estrada conduziria a um aumento de 0,36% nas emissões de CO O preço do super e a urbanização permanecem insignificantes.

Mesa 15 Resultados a longo prazo para o modelo 1

Variável	Coeficiente	Erro Std. Erro	Estatística t	Prob.
LCSU	1.032130	0.255539	4.039035	0.0273**
LPSU	-0.788356	0.409104	-1.927031	0.1496
LPAU	0.366880	0.123391	-2.973317	0.0589*
LURB	-2.666882	3.881973	-0.686991	0.5414

Nota: **Significância a 5%; *Significância a 10%.

O Quadro 16 apresenta os resultados de curto prazo. O termo de correção de erro (TCE) é negativo e significativo, o que nos permite afirmar que o modelo de correção de erro é válido e que as emissões de CO_2 estão a aproximar-se do seu nível de equilíbrio de longo prazo com uma velocidade de ajustamento de 53,03% graças à contribuição do consumo dos supermercados, do preço dos supermercados e do parque automóvel. De facto, o consumo dos supermercados é insignificante. O preço do super e o número de carros na estrada teriam um impacto linear de 1% e 5%, respetivamente. Assim, um aumento de 1% no preço do super e no número de carros na estrada levaria a um aumento das emissões de CO_2 em 1,32% e 0,11%, respetivamente.

Mesa 16 Resultados a curto prazo para o modelo 1

Variável	Coeficiente	Erro Std. Erro	Estatística t	Prob.
D(LCSU)	-0.044877	0.035809	-1.253213	0.2989
D(LPSU)	1.326800	0.071525	18.55006	0.0003***
D(LPAU)	0.116668	0.026959	4.327613	0.0227**
ECT(-1)	-0.530343	0.029668	17.87600	0.0004***

Nota: ***Significância a 1%; **Significância a 5%; *Significância a 10%.

vi. Causalidade entre variáveis no modelo 1

Depois de estimar os resultados a longo e a curto prazo, efectuámos o teste de causalidade de Granger no sentido Toda-Yamamoto. De acordo com a estimativa do teste de causalidade de Granger Toda-Yamamoto, os resultados são apresentados no Quadro 17. Neste quadro, surgem duas causalidades bidireccionais: uma causalidade bidirecional entre o consumo de super e o preço do super e uma causalidade bidirecional entre as emissões de CO_2 e o preço do super; e cinco causalidades unidireccionais: uma causalidade unidirecional do consumo de super para as emissões de CO_2uma causalidade unidirecional do consumo de super para as emissões de CO_2 para o parque automóvel, causalidade unidirecional das CO_2 emissões para a urbanização, causalidade unidirecional do consumo de supermercado para a frota automóvel e causalidade unidirecional da urbanização para a frota automóvel. A Fig. 16 mostra os resultados da causalidade de Granger no sentido Toda-Yamamoto para o modelo 1.

Tabela 17 Resultados da causalidade de Granger no sentido Toda-Yamamoto para o modelo 1

Variáveis dependentes	Variáveis explicativas					Decisões
	ln CO_2	ln CSU	ln PSU	ln PAU	ln URB	
ln CO_2		5.71***	9.89***	0.75	0.22	CSU → CO_2 PSU → CO_2
ln CSU	0.02		28.30***	0.63	0.02	PSU → CSU
ln PSU	11.44***	3.63*		2.09	0.00	CO_2 → PSU CSU → PSU
ln PAU	3.16*	5.14**	0.22		6.07**	CO_2 → PAU, CSU → PAU URB → PAU
ln URB	12.48***	2.11	10.75***	0.04		CO_2 → URB PSU → URB

Nota: (.) : Probabilidade (valor P); ***Significância a 1%; **Significância a 5%; *Significância a 10%.

O símbolo → representa a causalidade unidirecional

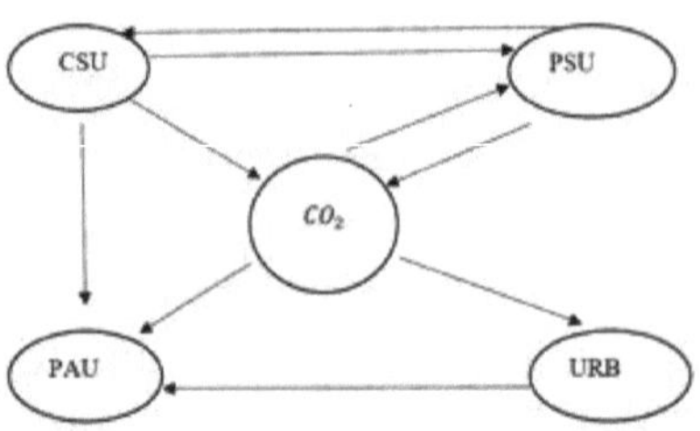

Figura 16 Resumo gráfico do teste de causalidade Toda-Yamamoto para o modelo 1

b) Estimação do modelo ARDL e dinâmica de longo e curto prazo do modelo 2

i. Estimação do modelo ARDL para o modelo 2

O Quadro 18 apresenta a estimativa do modelo ARDL para o modelo 2. $_2$O modelo estimado (1,1,1,1,1,1) é geralmente bom e explica 98% da dinâmica das emissões de CO no Chade de 2008 a 2019.

Mesa 18 Estimativa do modelo ARDL para o modelo 2

ARDL(1, 1, 1, 1, 1, 1)				
Variáveis	Coeficiente	Erro Std. Erro	Estatística t	Prob.*
LCO_2 (-1)	1.196371	0.604495	1.979125	0.1864
LCGA	0.102556	0.472682	0.216966	0.8484
LCGA(-1)	-0.363783	0.237313	-1.532924	0.2650
LPGA	2.083778	0.620590	3.357734	0.0784
LPGA(-1)	-1.178990	0.330604	-3.566165	0.0704
LPAU	0.245617	0.151936	1.616588	0.2474
LPAU(-1)	-0.145649	0.152750	-0.953513	0.4410
LURB	5.415729	2.177097	2.487592	0.1307
LURB(-1)	-7.715484	1.740924	-4.431833	0.0473
R^2	0.996872			
R^2 ajustado	0.984359			

Nota: ***Significância a 1%; **Significância a 5%.

ii. Valores gráficos para o critério de informação SIC no modelo 2

A Fig. 17 mostra o valor mais baixo do critério de informação SIC que oferece o menor número de atrasos. Confirma-se assim que o modelo ARDL (1,1,1,1,0) é o mais ótimo dos outros.

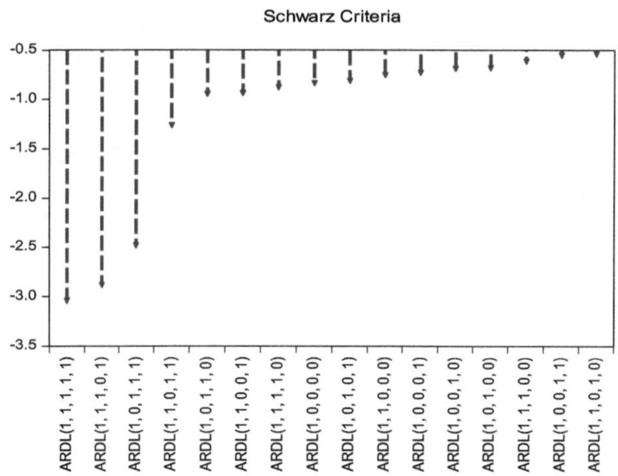

Figura 17 Representação gráfica SIC do modelo 2

iii. Resultados do teste de diagnóstico do modelo 2

O Quadro 19 apresenta os resultados dos testes de robustez do modelo 1. No que respeita a estes testes, que ajudam a diagnosticar o modelo ARDL (1,1,1,1,1,0) estimado, verifica-se uma boa especificação deste modelo, uma ausência de autocorrelação dos erros, uma ausência de heterocedasticidade e erros que seguem uma distribuição normal. A hipótese nula é aceite para todos estes testes (P-value > 5%). O nosso modelo está assim estatisticamente validado

Mesa 19 Resultados do teste de robustez para o modelo 2

Testes de robustez	Valor de p	Resultados
Teste de reinicialização de Ramsey	0.057	O modelo está perfeitamente especificado
(Ensaio de estabilidade)	0.49	Sem correlação serial
Teste LM de correlação serial de Breusch-	0.064	
Godfrey	0.78	Os resíduos têm uma distribuição normal
Jarque-Bera (Teste de normalidade)		Não há evidência de heteroscedasticidade
Teste ARCH (Teste de heteroscedasticidade)		

Para além destes vários testes, existem testes de estabilidade gráfica do modelo, nomeadamente a soma acumulada (CUSUM) e a soma acumulada dos quadrados dos resíduos recursivos (CUSUM SQUARE). A representação gráfica do CUSUM e do CUSUM AO QUADRADO é apresentada na Figura 18. De acordo com a diretriz, se os gráficos se mantiverem dentro do limite crítico de 5%, isso significa que os parâmetros do modelo são estáveis e consistentes. O gráfico do modelo mostra que o CUSUM AT SQUARE está dentro dos limites e ao longo do tempo para os dados do Chade.

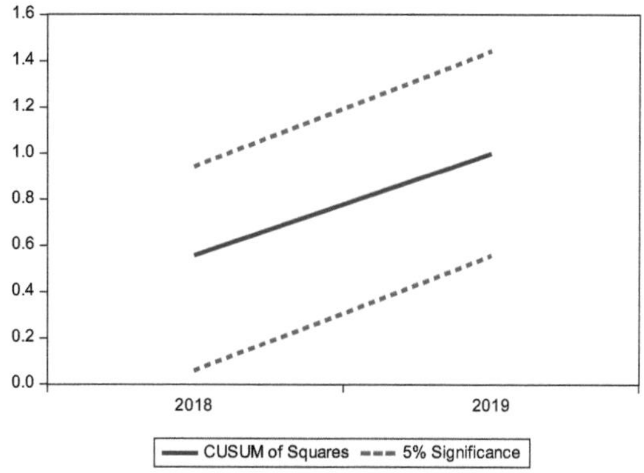

Figura 18 Gráfico da soma dos quadrados para o modelo 2

iv. Resultados do teste de co-integração

A Tabela 20 apresenta os resultados da cointegração do modelo 2. Os resultados do teste de co-integração confirmam a existência de uma relação de co-integração entre as séries estudadas (o valor de F-stat é > ao do limite superior), o que permite estimar os efeitos de longo prazo do consumo de gasóleo, do preço do gasóleo, do parque automóvel e da urbanização sobre as receitas petrolíferas.

Mesa 20 Resultados da co-integração para o modelo 2

Teste estatístico	Valor	Significado	I(0)	I(1)
Estatística F	31.33710	10%	1.9	3.01
K	4	5%	2.26	3.48
		2.5%	2.62	3.9
		1%	3.07	4.44

v. Dinâmica a longo e a curto prazo

O quadro 21 apresenta os resultados a longo prazo. O impacto linear do consumo de gasóleo nas CO_2 é positivo e insignificante. Além disso, o impacto linear do parque automóvel, do preço do gasóleo e da urbanização permanece insignificante.

Mesa 21 Resultados a longo prazo para o modelo 2

Variável	Coeficiente	Erro Std. Erro	Estatística t	Prob.
LCGA	1.330279	1.235509	1.076705	0.3942
LPGA	-4.607556	9.953909	-0.462889	0.6889
LPAU	-0.509080	0.568267	-0.895847	0.4649
LURB	11.71130	37.89655	0.309034	0.7865

O quadro 22 apresenta os resultados a curto prazo. O termo de correção de erro (TCE) é negativo e significativo, o que permite afirmar que o modelo de correção de erro é válido e que as emissões de CO_2 estão a aproximar-se do seu nível de equilíbrio de longo prazo com uma velocidade de ajustamento de 19,63% graças à contribuição do consumo de gasóleo, do preço do gasóleo, do parque automóvel e da urbanização. De facto, o consumo de gasóleo é insignificante. No entanto, o preço do gasóleo, o número de veículos em circulação e a urbanização teriam um impacto linear positivo e significativo de 1% e 5%, respetivamente. Assim, um aumento de 1% no preço do gasóleo, no número de automóveis na estrada e na urbanização conduziria a um aumento das emissões de CO_2 em 2,08%, 0,24% e 5,41%, respetivamente.

Mesa 22 Resultados a curto prazo para o modelo 2

Variável	Coeficiente	Erro Std. Erro	Estatística t	Prob.
D(LCGA)	0.102556	0.037594	2.727982	0.1122
D(LPGA)	2.083778	0.082962	25.11736	0.0016***
D(LPAU)	0.245617	0.028566	8.598376	0.0133**
D(LURB)	5.415729	0.556560	9.730721	0.0104**
ECT(-1)	-0.196371	0.009057	21.68079	0.0021

Nota: ***Significância a 1%; **Significância a 5%.

vi. Causalidade entre variáveis no modelo 2

Depois de estimar os resultados de longo e curto prazo, realizámos um teste de causalidade de Granger no sentido Toda-Yamamoto. Os resultados da estimativa do teste de causalidade de Granger Toda-Yamamoto são apresentados no Quadro 23. Nesta tabela, surgem três causalidades bidireccionais: uma causalidade bidirecional entre as emissões de CO_2 e o consumo de gasóleo, uma causalidade bidirecional entre CO_2 e o preço do gasóleo, e uma causalidade bidirecional entre o preço do gasóleo e a urbanização; e seis causalidades unidireccionais: uma causalidade unidirecional que vai do número de carros na estrada às emissões de CO_2uma causalidade unidirecional entre CO_2 para a urbanização, causalidade unidirecional do consumo de gasóleo para a urbanização, causalidade unidirecional do consumo de gasóleo para o preço do gasóleo, causalidade unidirecional do parque automóvel para o consumo de gasóleo e, finalmente, causalidade unidirecional do parque automóvel para a urbanização. A Fig. 19 mostra os resultados da causalidade de Granger no sentido Toda-Yamamoto para o modelo 2.

Tabela 23 Resultados da causalidade de Granger no sentido Toda-Yamamoto para o modelo 2

Variáveis dependentes	Variáveis explicativas					Decisões
	ln CO_2	ln CGA	ln PGA	ln PAU	ln URB	
ln CO_2		6.17***	8.72***	3.21*	0.09	CGA → CO_2 PGA → CO_2 PAU → CO_2
ln CGA	21.90***		1.75	9.03***	1.20	CO_2 → CGA PAU → CGA
ln PGA	45.82***	9.45***		1.89	13.45***	CO_2 → PGA CGA → PGA URB → PGA
ln PAU	2.26	2.48	0.34		0.93	
ln URB	21.45***	3.05*	13.22***	5.15**		CO_2 → URB CGA → URB PGA → URB PAU → URB

Nota: (.) : Probabilidade (valor P); ***Significância a 1%; **Significância a 5%; *Significância a 10%.

O símbolo → representa a causalidade unidirecional

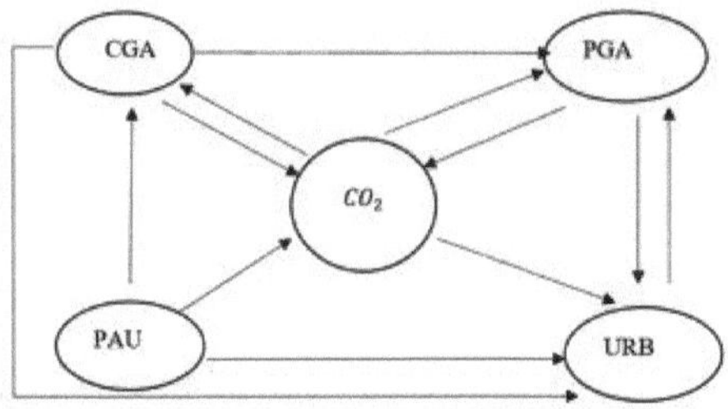

Figura 19 Resumo da causalidade de Granger no sentido Toda-Yamamoto

III.2Previsão de CO_2

O Chade quer ser um país que se abstém das suas emissões de gases com efeito de estufa, nomeadamente das emissões de CO_2 com o objetivo de salvaguardar os acordos climáticos de Paris em abril de 2016 e janeiro de 2017. Com base neste objetivo, os resultados relativos às emissões de CO_2 devido ao consumo de produtos petrolíferos (super e gasóleo) no sector dos transportes rodoviários para os modelos GMC Sequencial (1, N) - GA são apresentados no quadro seguinte. No entanto, a fiabilidade dos resultados depende dos critérios de validação apresentados na Tabela 24. Onde se observa p o número de variáveis explicativas, $X_1(t)$ representa as emissões CO_2 reais do ano, $\widehat{X_1}(t)$ as emissões previstas para o ano t ; N representa a dimensão da amostra $sd(X_1)$ e $sd(\widehat{X_1})$ representa o desvio-padrão de X_1 e respetivamente. $\widehat{X_1}$. Entre estes diferentes critérios, o critério de medição por excelência é o MAPE.

Mesa 24 Medições de precisão e limiares

Critérios	Fórmulas	Níveis de limiar			
		1er (Medíocre)	ème2 (Aceitável)	3ème (Bom)	ème4 (Perfeito)
R^2_{adj}	$1\frac{N-1}{N-P-1}(1-\frac{\sum_{t-1}^{n}(X_1(t)-\widehat{X_1}(t)^2}{\sum_{t-1}^{n}(X_1(t)-\overline{X_1}(t))^2})$	< 0.90	≥ 0.90	≥ 0.95	≥ 0.98

R	$\frac{1}{N-1}\sum_{t=1}^{N}\frac{(X_1(t)-\overline{X_1})(\widehat{X_1}(t)}{\sqrt{sd(X_1)^2 sd(\widehat{X}}}$	< 0.90	≥ 0.90	≥ 0.95	≥ 0.98
$MAPE$	$\frac{1}{N}\sum_{t=1}^{N}\left\|\frac{X_1(t)-\widehat{X_1}(t)}{X_1(t)}\right\|$	> 0.1	≤ 0.1	≤ 0.05	≤ 0.01

Fontes : (Hamzacebi e Es, 2014; Sapnken et al., 2022)

O quadro 25 mostra o desempenho dos modelos GMC (1, N) -GA sequenciais para a previsão das emissões de CO_2. A Tabela 25 mostra que o modelo GMC Sequencial (1, N) - GA tem um bom desempenho na previsão das emissões de CO_2 no sector dos transportes rodoviários no Chade, dados os seus coeficientes de correlação e determinação superiores a 80%. Além disso, o modelo GMC Sequencial (1, N) - GA tem um MAPE inferior a 5%, o que indica que o erro cometido quando se utiliza um valor previsto é inferior a 5%. Para além do MAPE, a Fig. 20 mostra que os dados reais e os dados previstos são quase idênticos, o que sublinha ainda mais a qualidade do desempenho do modelo em termos de precisão. O modelo GMC Sequencial (1, N) - AG tem um melhor desempenho e, por conseguinte, comete menos erros quando utilizado.

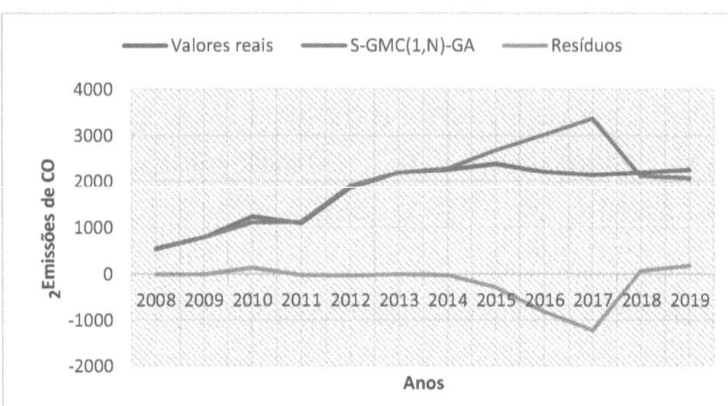

Figura 20 Emissões observadas/previstas e resíduos para S-GMC (1, N) - GA

Mesa 25 Desempenho sequencial GMC (1, N) - AG para previsão de emissões de CO_2

Emissões de CO_2 (em quilotoneladas)	Dados	
Critérios	S-GMC(1, N)-GA	NeuralODE-GM(1,1)
R	0.89	0.85
R^2_{adj}	0.81	0.79
$MAPE$ (%)	1.36	3.28

Os resultados das estimativas das emissões CO_2 no sector dos transportes rodoviários, apresentados no Quadro 26, mostram, em geral, que as CO_2 do sector dos transportes rodoviários aumentarão com o tempo. Para o modelo GMC(1, N)-GA sequencial, as emissões de CO_2 em 2030 são estimadas em 2672,39 quilotoneladas, respetivamente.

Mesa 26 Previsão de emissões de CO_2

Emissões de CO_2 (em quilotoneladas) Anos	S-GMC(1, N)-GA	NeuralODE-GM(1,1)
2020	2422,03	2417,35
2021	2571,07	2583,21
2022	2120,10	2119,09
2023	2469,14	2475,15
2024	2618,17	2626,72
2025	2527,21	2531,05
2026	2556,25	2549,31
2027	2585,28	2497,17
2028	2614,32	2627,86
2029	2643,35	2646,18
2030	2672,39	2680,20

III. 3Discussão dos resultados

Um aumento do consumo nos supermercados conduziria a um aumento das emissões de CO_2 a longo prazo (Uzair Ali et al., 2022; Umar et al., 2021). Além disso, existe uma causalidade unidirecional do consumo de supermercados para CO_2 (Arora e Kaur, 2020). Dito isto, o consumo de super poderia aumentar as emissões de CO_2 no Chade ou, em alternativa, quanto mais super for consumido, mais CO_2 as emissões aumentam a longo prazo. A questão de como reduzir as CO_2 A questão de como reduzir as emissões tornar-se-ia, por conseguinte, crucial. O Chade poderia, por conseguinte, procurar reduzir as suas CO_2 O Chade poderia, por conseguinte, procurar reduzir as suas emissões consumindo menos super e virando-se mais para as energias alternativas. Isto está de acordo com o trabalho de Nnaji et al (2013). O consumo de combustíveis fósseis pode ser reduzido através da aplicação de novas medidas de eficiência energética e da melhoria das já existentes, o que permitirá poupar energia a longo prazo. (Umar et al., 2021) ou a introdução de políticas para reduzir o consumo de combustível dos veículos a gasolina seria uma forma útil de reduzir significativamente as emissões de gases com efeito de estufa. CO_2 (Solís e Sheinbaum, 2013).. Poderá também ser alcançado através do controlo do rápido crescimento dos modos de transporte sem combustível de alta qualidade (Danish et al., 2018). Estamos a referir-nos aqui aos combustíveis frelatados que são amplamente utilizados no Chade, dado que os combustíveis fósseis alimentam a grande maioria dos veículos rodoviários no país. Note-se que o consumo de gasóleo a longo prazo não parece afetar as emissões de CO_2. Esta situação pode ser explicada pelo preço da gasolina premium, que foi geralmente inferior ao do gasóleo durante o período de estudo. A população do Chade preferiria consumir gasolina super em vez de gasóleo, que é mais caro. Por conseguinte, o aumento do consumo de gasóleo super conduziria a um aumento das emissões de CO_2. O resultado da causalidade entre as emissões de CO_2 e o consumo de gasóleo mostra que existe uma causalidade bidirecional entre CO_2 as emissões e o consumo de gasóleo (Mensah et al., 2019; Chandran e Tang, 2013). O consumo de combustíveis fósseis e as CO_2 são interdependentes, ou seja, as emissões de CO_2 causam o consumo de gasóleo (Gokmenoglu e Sadeghieh, 2019) e o consumo de gasóleo provoca CO_2 emissões (Khobai e Le Roux, 2017; Kivyiro e Arminen, 2014).. É evidente que um consumo elevado de gasóleo conduziria a um aumento das emissões de CO CO_2 e vice-versa. Este resultado permitiria criar instrumentos de controlo do consumo de gasóleo no sector dos transportes no Chade e utilizá-los como solução para reduzir as emissões de CO CO_2 (Mensah et al., 2019; Chandran e Tang, 2013).. No entanto, o Chade pode utilizar a frota de veículos e o preço como ferramentas para controlar o consumo de combustíveis fósseis. Além disso, os resultados da causalidade mostram que existe uma causalidade unidirecional da frota de veículos para o consumo de gasóleo e uma relação bidirecional entre o consumo de supercombustível e o preço do supercombustível. É de notar que o Chade tem um potencial significativo de energias renováveis. De norte a sul do país, o sol brilha entre 2.750 e 3.250 horas por ano. Isto dá uma média de 4 a 6 quilowatts/hora por metro quadrado e por dia. (Mbainaissem Peurdoum, n.d.)

O preço do super e do gasóleo é significativo a curto prazo, no limiar de 1%. Por outras palavras, um aumento do preço do super e do gasóleo conduziria a um aumento das emissões a curto prazo (A. Malik et al., 2020). Por outras palavras, a curto prazo, o preço do super e do gasóleo acelera as emissões de CO_2 . Quanto mais os preços dos produtos petrolíferos aumentarem no curto prazo, mais CO_2 as emissões aumentarão. O controlo e a regulação destes preços, associados a uma redução da utilização de combustíveis fósseis, poderiam tornar reversíveis os efeitos negativos sobre o ambiente. (Sadorsky, 2009). Para tal, poder-se-ia, por exemplo, modificar os preços dos produtos petrolíferos nacionais em função da evolução dos preços internacionais, de modo a alterar o comportamento dos consumidores (Mahmood et al., 2022). Este cenário poderia reduzir as emissões em CO_2 a curto prazo. Além disso, o trabalho de Li et al. (2020) mostram que os preços podem desempenhar um papel muito importante na redução das emissões de gases com efeito de estufa. CO_2. Esta tendência é totalmente posta em causa a longo prazo, onde o preço do super e do gasóleo permanece insignificante. Este facto sugere que, a longo prazo, as emissões de CO_2 não são influenciadas por qualquer aumento do preço do super e do gasóleo e que o Chade deveria analisar outras causas de CO_2. Este resultado pode ser baseado nas implicações de causalidade contidas nos números, que estipulam que o consumo de produtos petrolíferos (super e gasóleo) e a urbanização influenciam os preços. Por outras palavras, se os preços dos produtos petrolíferos (super e gasóleo) não influenciam as emissões de CO_2 a longo prazo, a razão poderá ser o nível de consumo de produtos petrolíferos e o nível de urbanização.

O parque automóvel é significativo a curto prazo nos modelos 1 e 2. Um aumento de 1% no número de carros na estrada resultaria num aumento de 0,11% nas emissões de CO_2 para o modelo 1 e um aumento de 0,24% nas emissões de CO_2 para o modelo 2. Estes resultados mostram que, qualquer que seja o produto petrolífero utilizado (super ou gasóleo), o nível do parque automóvel conduziria a um aumento das emissões de CO_2 a curto prazo. Uma situação semelhante é observada a longo prazo, em que, no modelo 1, um aumento de 1% no número de automóveis aumentaria as emissões em CO_2 em 0,36%. No modelo 2, por outro lado, o parque automóvel não tem um impacto significativo nas emissões de CO_2. Estes resultados a longo prazo mostram que a frota que utiliza combustível de qualidade superior aumentaria as emissões em CO_2 a longo prazo, enquanto a frota a gasóleo permanece insignificante a longo prazo, embora os resultados da causalidade mostrem que a frota a gasóleo influencia as emissões em CO_2. Além disso, na China, o trabalho de Gambhir et al (2015) mostra que o crescimento do transporte rodoviário conduziu a um aumento considerável das CO_2 nas últimas décadas. Estas conclusões são apoiadas pelas de Fontaras et al (2017) que afirmam que factores como a configuração dos veículos e as condições de tráfego têm uma grande influência na CO_2 . É evidente que a introdução urgente de uma política para reduzir as emissões de CO_2 através de uma frota de veículos adequada continua a ser imperativa.

Por último, a urbanização não tem um impacto significativo nas emissões de CO CO_2 a curto e a longo prazo no modelo 1. Este resultado é semelhante ao trabalho de Danish et al (2018) no Paquistão. Por outro lado, os resultados de causalidade do mesmo modelo mostram que as emissões de CO CO_2 influenciam a urbanização. Isto significa que deve ser dada especial atenção à velocidade das CO_2 para que a urbanização não contribua necessariamente para o seu aumento, como relatado na literatura. Para o modelo 2, a urbanização também não tem um impacto significativo nas CO_2 no longo prazo, mas é significativa no curto prazo. Assim, no curto prazo, um aumento de 1% na urbanização levaria a um aumento de 5,41% nas emissões de CO_2. Assim sendo, quanto mais a população cresce, mais CO_2 as emissões aumentam. No entanto, a longo prazo, esse crescimento populacional é insignificante. Este resultado deve-se certamente à influência do parque automóvel e do consumo de gasóleo observados nos resultados de causalidade apresentados na tabela ..... Três quartos do território do Chade são desertos (CDN, 2021). Além disso, com uma população de cerca de 16,6 milhões em 2019, o país tem uma densidade populacional de cerca de 12,9 habitantes por quilómetro quadrado, apesar de uma taxa de crescimento demográfico de cerca de 3% em 2019 (WATHI, 2021). O país tem também uma população rural de cerca de 78% e uma população urbana de quase 21,9%, concentrada principalmente na cidade de N'Djaména (WATHI, 2021). Do exposto, é evidente que o crescimento da população no Chade não pode ter um impacto significativo nas emissões de gases com efeito de estufa. CO_2.

Conclusão

Neste capítulo apresentam-se os resultados das estimativas das variáveis exógenas (consumo de super/gasóleo, preços do super/gasóleo, parque automóvel e urbanização) sobre a variável endógena (emissões de CO CO_2); apresentar os resultados do estudo causal das diversas variáveis em estudo; e, finalmente, destacar as futuras emissões de CO_2 no Chade. Para o efeito, os testes de estacionariedade das diferentes variáveis mostraram-nos que são estacionárias em diferentes ordens I (0) e I (1). O critério de seleção dos dois modelos indicou o desfasamento ótimo em 1. Em seguida, as estimativas dos nossos dois modelos deram-nos um coeficiente de determinação idêntico de 98% e os testes de robustez efectuados nos dois modelos foram verificados com valores p superiores a 5% para cada um dos testes efectuados em cada modelo. O teste de co-integração dos dois modelos deu-nos informação segundo a qual os dois modelos admitem relações de longo prazo, uma vez que o F-stat é superior aos limites superiores de cada modelo. Como resultado, deduziu-se que um aumento do super e do gasóleo levaria a um aumento das emissões de CO_2 . Isto permite controlar o consumo de produtos petrolíferos de modo a reduzir as emissões em CO_2 . Em segundo lugar, os preços do super e do gasóleo são significativos a curto prazo, mas a longo prazo são insignificantes. É, pois, evidente que o controlo e a regulação dos preços, aliados a uma redução da utilização de combustíveis fósseis, poderiam tornar reversíveis, a curto prazo, os efeitos negativos sobre o ambiente, e que o nível de consumo de produtos petrolíferos e a urbanização poderiam ser factores que justificariam o impacto insignificante a longo prazo. O parque automóvel dos modelos 1 e 2 tem um impacto significativo nas emissões de CO_2 no curto prazo. No longo prazo, é significativo no modelo 1, mas no modelo 2 é insignificante, embora a causalidade nos diga que o parque automóvel influencia as emissões de CO_2. Para emissões futuras de CO_2 foi utilizado o modelo sequencial GMC(1, N)-GA, e os resultados mostram que até 2030 CO_2 aumentarão. A conclusão a retirar destes resultados é que a implementação urgente de uma política de redução de CO_2 de uma política de redução das emissões exige um parque automóvel adequado. Finalmente, a urbanização, tal como referido na literatura (aumenta as CO_2emissões) não é verificada neste estudo. As conclusões a este respeito questionam a influência do parque automóvel e do consumo de gasóleo no modelo 2 e recomendam um olhar particular sobre a velocidade das emissões no modelo 1. CO_2 no modelo 1. A conclusão geral permitirá tirar implicações políticas para os decisores chadianos.

CONCLUSÃO GERAL E IMPLICAÇÕES POLÍTICAS

Este trabalho analisou o impacto linear do consumo de produtos petrolíferos (super e gasóleo), dos preços dos produtos petrolíferos (super e gasóleo), do parque automóvel e da urbanização nas emissões de CO CO_2 examinou as relações causais entre as diferentes variáveis estudadas e explorou as emissões futuras de CO CO_2 no Chade. Assim, propusemo-nos quatro objectivos principais:

i) Destacar a dinâmica a curto e longo prazo do consumo de produtos petrolíferos (super e gasóleo), dos preços dos produtos petrolíferos (super e gasóleo), do parque automóvel e da urbanização sobre as emissões de CO_2 no Chade ;

ii) Fornecer uma análise das relações causais entre as emissões de CO CO_2de gases com efeito de estufa, o consumo de produtos petrolíferos, os preços dos produtos petrolíferos, o parque automóvel e a urbanização no Chade;

iii) Previsão das futuras emissões de CO_2 no Chade

iv) Ajudar os decisores políticos do Chade a formular políticas e medidas correspondentes para garantir o controlo efetivo das emissões de gases com efeito de estufa do país. CO_2 no país.

Para atingir estes objectivos, estudámos as emissões de CO_2 de acordo com o sector em que cada produto petrolífero é consumido. Nesta abordagem, definimos principalmente o sector rodoviário com super e gasóleo.

Para o sector rodoviário, foram realizados testes de estacionariedade e testes de cointegração para confirmar as relações de longo prazo das diversas variáveis. De seguida, analisámos a dinâmica de curto e longo prazo do consumo de produtos petrolíferos, dos preços dos produtos petrolíferos, do parque automóvel e da urbanização nas emissões de CO CO_2e a causalidade entre as emissões de CO CO_2consumo de produtos petrolíferos, preços, parque automóvel e urbanização para o período 2008 - 2019. Para tal, aplicámos os testes Dickey-Fuller Aumentado e Phillips-Perron para a estacionariedade das variáveis, a abordagem ARDL Bounds para testar a cointegração e identificar os efeitos a curto e longo prazo das variáveis exógenas que determinam as emissões de CO_2 no sector rodoviário do Chade. A causalidade de Granger no sentido de Toda-Yamamoto foi utilizada para determinar e analisar as diversas influências entre as diferentes variáveis.

Os testes de limite ARDL confirmam a co-integração entre as séries. Os nossos resultados mostram que, a curto prazo, apenas o preço do gasóleo super e o número de carros na estrada têm um impacto significativo nas emissões de CO CO_2 no modelo 1, e no modelo 2, o preço do gasóleo, o parque automóvel e a urbanização têm um impacto significativo nas emissões de CO CO_2 . A longo prazo, o consumo de supermercado e o parque automóvel têm um impacto significativo nas emissões de CO_2 enquanto o preço do prémio e a urbanização são insignificantes no modelo 1 e, no modelo 2, nenhuma variável tem um impacto significativo nas emissões de CO CO_2. O teste de causalidade de Granger na aceção de Toda-Yamamoto revelou uma variedade de causalidades. No modelo 1, os resultados da causalidade indicam que existe uma causalidade bidirecional entre o consumo de supermercado e o preço do supermercado, e uma causalidade bidirecional entre as emissões de CO CO_2 e o preço do super. Além disso, existem cinco causalidades unidireccionais, nomeadamente uma causalidade unidirecional do consumo de supermercado para as emissões de CO_2a causalidade unidirecional das emissões de CO_2 para o parque automóvel, causalidade unidirecional das CO_2 para a urbanização, causalidade unidirecional do consumo de supermercado para a frota automóvel e causalidade unidirecional da urbanização para a frota automóvel. No modelo 2, os resultados da causalidade mostram que existem três causalidades bidireccionais, nomeadamente uma causalidade bidirecional entre as emissões de CO_2 e o consumo de gasóleo, uma causalidade bidirecional entre CO_2 e o preço do gasóleo, e uma causalidade bidirecional entre o preço do gasóleo e a urbanização. Há também seis causalidades unidireccionais, incluindo uma causalidade unidirecional entre o número de carros na estrada e as emissões de gasóleo, uma causalidade unidirecional entre o preço do gasóleo e a urbanização e uma causalidade unidirecional entre o preço do gasóleo e o consumo de combustível. CO_2de gasóleo, causalidade unidirecional CO_2 para a urbanização, causalidade unidirecional do consumo de gasóleo para a urbanização, causalidade unidirecional do consumo de gasóleo para o preço do gasóleo, causalidade unidirecional do parque automóvel para o consumo de gasóleo e, finalmente, causalidade unidirecional do parque automóvel para a urbanização.

No que respeita à previsão das emissões CO_2 no Chade, foi utilizado o modelo sequencial GMC (1, N) - GA como ferramenta preferencial para a sua determinação. Globalmente, as futuras emissões de CO_2 no Chade atingirão 2672,39 quilotoneladas em 2030, reflectindo o crescimento persistente das emissões de CO_2 no Chade.

No Chade, as emissões de CO_2 estão a aumentar de ano para ano e são dominadas pelo gasóleo e pelo super gasóleo provenientes do sector dos transportes terrestres. O sector dos transportes rodoviários no Chade está a crescer rapidamente e os seus veículos, na sua maioria obsoletos, são os maiores emissores de gases com efeito de estufa. O país consome grandes quantidades destes dois produtos petrolíferos (gasóleo e super gasóleo) há mais de uma década e a poluição atmosférica através das emissões de CO_2 de gases com efeito de estufa. A fim de cumprir os requisitos de redução das emissões de CO_2 de gases com efeito de estufa, tal como estabelecido no presente estudo, são feitas as seguintes recomendações ao governo do Chade:

i) Reduzir o consumo de produtos petrolíferos, diminuir as emissões de CO_2 e aumentar progressivamente a utilização de fontes de energia limpas, como a hidroeletricidade, a energia eólica e a energia solar, são apenas algumas das medidas que devem ser adoptadas para reduzir a quantidade de carbono emitida.

ii) A melhor forma de reduzir significativamente as emissões CO_2 nas cidades poderia ser impor um imposto sobre o carbono às actividades que consomem muitos produtos petrolíferos. O dinheiro arrecadado com este imposto deveria ser utilizado para promover a utilização de energias mais ecológicas nessas cidades.

iii) A adoção de uma política eficaz permitiria aos consumidores industriais e residenciais instalar facilmente fontes de energia renováveis, como a energia solar e outras, na sua entidade. Esta política deveria ser desenvolvida em consulta com as principais instituições financeiras. Em todo o caso, reduziria a quantidade de combustíveis fósseis comprados pelo governo.

iv) Quando os preços do petróleo estão a subir, seria uma boa ideia injetar as receitas da venda de petróleo em tecnologias e processos de produção mais limpos. Isto ajudaria a controlar as consequências ambientais do aumento dos preços do petróleo. Estas tecnologias e processos de produção respeitadores do ambiente devem também ser bem compreendidos aquando da celebração dos acordos entre o país beneficiário e o país de acolhimento, de modo a que as condições de aplicação possam ser corretamente definidas.

v) Reduzir urgentemente o número de veículos no seu território que ameaçam a sustentabilidade ambiental. A frota envelhecida, que é maioritária, poderá ser convertida numa nova frota que cumpra os regulamentos ambientais.

vi) Por último, promover um programa de transportes públicos ecológicos nas cidades, a fim de reduzir a dependência dos veículos e motores privados, que funcionam principalmente a gasóleo e a prémio no Chade. A promoção de veículos eficientes em termos de consumo de combustível, híbridos ou a gás poderia também ser estudada.

REFERÊNCIAS BIBLIOGRÁFICAS

Abdallh, A.A., Abugamos, H., 2017. Uma análise semi-paramétrica de dados de painel sobre o nexo urbanização-emissões de carbono para os países MENA. Renewable and Sustainable Energy Reviews 78, 1350-1356. https://doi.org/10.1016/j.rser.2017.05.006

Adzawla, W., Sawaneh, M., Yusuf, A.M., 2019. Emissão de gases com efeito de estufa e nexo de crescimento económico da África Subsariana. Scientific African 3, e00065.

Ağbulut, Ü., 2022. Previsão da demanda de energia relacionada ao transporte e emissões de CO2 na Turquia com diferentes algoritmos de aprendizado de máquina. Produção e consumo sustentáveis 29, 141-157. https://doi.org/10.1016/j.spc.2021.10.001

Ahanchian, M., Biona, J.B.M., 2014. Procura de energia, previsões de emissões e estratégias de mitigação modeladas num horizonte de médio prazo: o caso do sector dos transportes terrestres na região metropolitana de Manila. Energy Policy 66, 615-629. https://doi.org/10.1016/j.enpol.2013.11.026

Ahmed, K., Mahalik, M.K., Shahbaz, M., 2016. Dinâmica entre crescimento económico, trabalho, capital e abundância de recursos naturais no Irão: uma aplicação da abordagem de cointegração combinada. Resources Policy 49, 213-221. https://doi.org/10.1016/j.resourpol.2016.06.005

AIE, 2021. World Energy Outlook [Documento WWW]. URL https://www.iea.org/reports/world-energy-outlook-2021 (acedido em 4.6.23).

Akeresola, R.A., Gayawan, E., 2021. Análise espaço-temporal bayesiana das emissões de gases de efeito estufa em África.

Alam, M.J., Begum, I.A., Buysse, J., Rahman, S., Van Huylenbroeck, G., 2011. Modelação dinâmica da relação causal entre o consumo de energia, as emissões de CO2 e o crescimento económico na

Índia. Renewable and Sustainable Energy Reviews 15, 3243-3251.
Aldubyan, M., Gasim, A., 2021. Reforma dos preços da energia na Arábia Saudita: modelação dos impactos económicos e ambientais e compreensão da resposta da procura. Energy Policy 148, 111941. https://doi.org/10.1016/j.enpol.2020.111941
Alkathery, M.A., Chaudhuri, K., 2021. Co-movimento entre o preço do petróleo, emissão de CO2, energia renovável e ações de energia: evidências dos países do GCC. Journal of Environmental Management 297, 113350. https://doi.org/10.1016/j.jenvman.2021.113350
Al-Mulali, U., Ozturk, I., Lean, H.H., 2015. A influência do crescimento económico, da urbanização, da abertura comercial, do desenvolvimento financeiro e das energias renováveis na poluição na Europa. Nat Hazards 79, 621-644. https://doi.org/10.1007/s11069-015-1865-9
Ameyaw, B., Yao, L., Oppong, A., Agyeman, J.K., 2019. Investigando, prevendo e propondo vias de mitigação de emissões para as emissões de CO2 provenientes apenas da combustão de combustíveis fósseis: um estudo de caso de países selecionados. Política energética 130, 7-21.
Amiri, A., Ventelou, B., 2012. Causalidade de Granger entre a despesa total com a saúde e o PIB na OCDE: evidências da abordagem Toda-Yamamoto. Economics Letters 116, 541-544. https://doi.org/10.1016/j.econlet.2012.04.040
Antonakakis, N., Chatziantoniou, I., Filis, G., 2017. Consumo de energia, emissões de CO2 e crescimento económico: um dilema ético. Renewable and Sustainable Energy Reviews 68, 808-824. https://doi.org/10.1016/j.rser.2016.09.105
Ardakani, S.R., Hossein, S.M., Aslani, A., 2018. Abordagens estatísticas para prever o consumo doméstico de energia e avaliar os determinantes: O

caso dos países nórdicos. Planeamento estratégico para a energia e o ambiente 38, 26-71.

Arora, R., Kaur, D.B., 2020. Consumo de combustíveis fósseis, crescimento económico e emissões de CO2. Causalidade evidenciada a partir do mundo BRICS. Theoretical and Applied Economics XXVII, 131-142.

Arouri, M.E.H., Ben Youssef, A., M'henni, H., Rault, C., 2012. Consumo de energia, crescimento económico e emissões de CO2 nos países do Médio Oriente e do Norte de África. Energy Policy 45, 342-349. https://doi.org/10.1016/j.enpol.2012.02.042

ARSAT, 2022. Autorité de Régulation du Secteur Pétrolier Aval du Tchad [Documento WWW]. URL http://www.arsat.td/ (acedido em 11.2.22).

Azadeh, A., Khakestani, M., Saberi, M., 2009. Um algoritmo de regressão difusa flexível para a previsão da estimativa do consumo de petróleo. Política energética 37, 5567-5579.

Bahrami, S., Hooshmand, R.-A., Parastegari, M., 2014. Previsão de carga eléctrica a curto prazo por transformada wavelet e modelo cinzento melhorado pelo algoritmo PSO (otimização por enxame de partículas). Energy 72, 434-442. https://doi.org/10.1016/j.energy.2014.05.065

Banco Mundial, 2022. Crescimento da população urbana (% anual) - Chade | Dados [Documento WWW]. URL https://donnees.banquemondiale.org/indicateur/SP.URB.GROW?locations=TD (acedido em 1.19.23).

Bedoum, A., Bouka Biona, C., Jean Pierre, B., Adoum, I., Mbiake, R., Baohoutou, L., 2017. Evolução dos índices de extremos climáticos na República do Chade de 1960 a 2008. Atmosphere-Ocean 55, 42-56. https://doi.org/10.1080/07055900.2016.1268995

Belbute, J.M., Pereira, A.M., 2020. Previsões de referência para as emissões de CO2 provenientes da combustão de combustíveis fósseis e da produção de cimento em Portugal. Política Energética 144, 111642.

Bewket, W., 2012. Percepções das alterações climáticas e respostas adaptativas dos pequenos agricultores nas terras altas do centro da Etiópia. Revista Internacional de Estudos Ambientais 69, 507-523. https://doi.org/10.1080/00207233.2012.683328

Böhringer, C., Rutherford, T.F., Schneider, J., 2021. A incidência do preço das emissões de CO2 em respostas alternativas do mercado internacional: uma análise de equilíbrio geral computável para a Alemanha. Energy Economics 101, 105404. https://doi.org/10.1016/j.eneco.2021.105404

Brown, R.L., Durbin, J., Evans, J.M., 1975. Techniques for Testing the Constancy of Regression Relationships Over Time (Técnicas para testar a constância das relações de regressão ao longo do tempo). Journal of the Royal Statistical Society: Series B (Methodological) 37, 149-163. https://doi.org/10.1111/j.2517-6161.1975.tb01532.x

Carbonnier, G., Grinevald, J., 2011. Energia e desenvolvimento, em: Carbonnier, G. (Ed.), International Development Policy: Energy and Development. Palgrave Macmillan UK, Londres, pp. 3-20. https://doi.org/10.1007/978-0-230-31401-6_1

UNFCCC, 2001. Alto Comité Nacional para o Ambiente.

CDN, 2021. Atualização da contribuição nacional determinada, República do Chade.

Chandran, V.G.R., Tang, C.F., 2013. Os impactos do consumo de energia nos transportes, do investimento direto estrangeiro e do rendimento nas emissões de CO2 nas economias da ASEAN-5. Renewable and Sustainable Energy Reviews 24, 445-453. https://doi.org/10.1016/j.rser.2013.03.054

Change, G.C., 2008. Livestock and Global Climate Change. Cambridge University Press.

ALTERAÇÕES CLIMÁTICAS, I.P.O.C., 2007. RELATÓRIO DA NONOVE SESSÃO DO PAINEL INTERGOVERNAMENTAL SOBRE AS

ALTERAÇÕES CLIMÁTICAS (IPCC) Genebra, 17-20 (apenas pela manhã) de abril de 2002.
Chen, C.-I., Huang, S.-J., 2013. A condição necessária e suficiente para o modelo de previsão cinzenta GM (1, 1). Matemática Aplicada e Computação 219, 6152-6162.
Chen, S.-S., Xu, J.-H., Fan, Y., 2015. Avaliação do efeito da política do sistema de supervisão da segurança das minas de carvão na indústria mineira chinesa: uma análise em duas fases. Resources Policy 46, 12-21.
Cherniwchan, J., 2012. Crescimento económico, industrialização e ambiente. Resource and Energy Economics 34, 442-467. https://doi.org/10.1016/j.reseneeco.2012.04.004
Cotte Poveda, A., Pardo Martínez, C.I., 2011. Tendências de crescimento económico, pobreza e energia na Colômbia: efeitos de longo e curto prazo. Sistemas de Energia 2, 281-298.
Dinamarquês, Baloch, M.A., Suad, S., 2018. Modelando o impacto do consumo de energia de transporte na emissão de CO2 no Paquistão: Evidências da abordagem ARDL. Environ Sci Pollut Res 25, 9461-9473. https://doi.org/10.1007/s11356-018-1230-0
De Cáceres, A.M., Martínez, P.J.P., 2009. Transporte y cambio climático en España: problemas y perspectivas. Carreteras 4, 44-50.
Deng, J.L., 1982. Problemas de controlo de sistemas cinzentos. Systems & control letters 1, 288-294.
Deng, J.-L., 1982. Problemas de controlo de sistemas cinzentos. Systems & control letters 1, 288-294.
Dengiz, A.Ö., Atalay, K.D., Dengiz, O., 2018. Modelo de previsão cinzenta para emissões de CO 2 de países desenvolvidos, em: O Simpósio Internacional de Pesquisa em Produção. Springer, pp. 604-611.
Dickey, D.A., Fuller, W.A., 1979. Distribution of the Estimators for Autoregressive Time Series with a Unit Root (Distribuição dos Estimadores para Séries

Temporais Autoregressivas com uma Raiz Unitária). Journal of the American Statistical Association 74, 427-431. https://doi.org/10.1080/01621459.1979.10482531

Ding, Song, Dang, Y.-G., Li, X.-M., Wang, J.-J., Zhao, K., 2017. Previsão das emissões chinesas de CO2 provenientes da combustão de combustíveis utilizando um novo modelo multivariável cinzento. Journal of Cleaner Production 162, 1527-1538.

Ding, S., Dang, Y.G., Xu, N., Wei, L., Ye, J., 2017. Modelo cinzento discreto com atraso no tempo e multivariável. Controlo e decisão 32, 1997-2004.

Ding, S., Hipel, K.W., Dang, Y., 2018. Previsão do consumo de eletricidade da China utilizando um novo modelo de previsão cinzenta. Energy 149, 314-328. https://doi.org/10.1016/j.energy.2018.01.169

Ding, S., Zhang, M., Song, Y., 2019. Explorando o pico de emissões de carbono da China para diferentes cenários de impostos sobre o carbono. Política Energética 129, 1245-1252. https://doi.org/10.1016/j.enpol.2019.03.037

Dong, F., Wang, Y., Su, B., Hua, Y., Zhang, Y., 2019. O processo de pico de emissões de CO2 nas economias desenvolvidas: Uma perspetiva de industrialização e urbanização. Resources, Conservation and Recycling 141, 61-75. https://doi.org/10.1016/j.resconrec.2018.10.010

Dong, H., Xue, M., Xiao, Y., Liu, Y., 2021. As emissões de carbono têm impacto na saúde dos residentes? Considerando a industrialização e a urbanização da China. Science of The Total Environment 758, 143688. https://doi.org/10.1016/j.scitotenv.2020.143688

Du, H., Liu, D., Southworth, F., Ma, S., Qiu, F., 2017. Caminhos para a conservação de energia e mitigação de emissões no transporte rodoviário até 2030: um estudo de caso da área de Jing-Jin-Ji,

China. Journal of Cleaner Production 162, 882-893. https://doi.org/10.1016/j.jclepro.2017.06.054

Duan, L., Hu, W., Deng, D., Fang, W., Xiong, M., Lu, P., Li, Z., Zhai, C., 2021. Impactos da redução de poluentes atmosféricos e emissões de CO2 no transporte rodoviário urbano até 2035 em Chongqing, China. Environmental Science and Ecotechnology 8, 100125. https://doi.org/10.1016/j.ese.2021.100125

Ehrenberger, S., Seum, S., Pregger, T., Simon, S., Knitschky, G., Kugler, U., 2021. Desenvolvimento dos transportes terrestres em três cenários integrados para a Alemanha - Opções tecnológicas, procura de energia e emissões. Transportation Research Part D: Transport and Environment 90, 102669. https://doi.org/10.1016/j.trd.2020.102669

Engle, R.F., Granger, C.W.J., 1987. Co-Integration and Error Corretion: Representation, Estimation, and Testing. Econometrica 55, 251-276. https://doi.org/10.2307/1913236

Engo, J., 2019. Análise de dissociação das emissões de CO2 do sector dos transportes nos Camarões. Cidades e Sociedade Sustentáveis 51, 101732.

Fatima, N., Li, Y., Ahmad, M., Jabeen, G., Li, X., 2021. Factores que influenciam o desenvolvimento da produção de energias renováveis: um caminho para a sustentabilidade ambiental. Environ Sci Pollut Res 28, 51714-51732. https://doi.org/10.1007/s11356-021-14256-z

Fontaras, G., Zacharof, N.-G., Ciuffo, B., 2017. Consumo de combustível e emissões de CO2 dos automóveis de passageiros na Europa - Laboratório versus emissões do mundo real. Progress in Energy and Combustion Science 60, 97-131. https://doi.org/10.1016/j.pecs.2016.12.004

Gambhir, A., Tse, L.K.C., Tong, D., Martinez-Botas, R., 2015. Reduzir as emissões de CO2 do sector dos transportes rodoviários da China até 2050: Tecnologias, custos e análise de decomposição.

Applied Energy 157, 905-917. https://doi.org/10.1016/j.apenergy.2015.01.018

Gokmenoglu, K.K., Sadeghieh, M., 2019. Desenvolvimento Financeiro, Emissões de CO2, Consumo de Combustíveis Fósseis e Crescimento Económico: O Caso da Turquia. Planeamento Estratégico para a Energia e o Ambiente 38, 7-28. https://doi.org/10.1080/10485236.2019.12054409

González Palencia, J.C., Furubayashi, T., Nakata, T., 2012. Potencial de redução da utilização de energia e das emissões de CO2 na frota de automóveis de passageiros utilizando veículos com emissões zero e materiais leves. Energy, 6th Dubrovnik Conference on Sustainable Development of Energy Water and Environmental Systems, SDEWES 2011 48, 548-565. https://doi.org/10.1016/j.energy.2012.09.041

Grodzicki, T., Jankiewicz, M., 2022. O impacto das energias renováveis e da urbanização nas emissões de CO2 na Europa - Abordagem espácio-temporal. Environmental Development 44, 100755. https://doi.org/10.1016/j.envdev.2022.100755

Guilyardi, E., Lescarmontier, L., Matthews, R., Point, S.P., Rumjaun, A.B., Schlüpmann, J., Wilgenbus, D., 2018. Relatório Especial do PIAC "Aquecimento Global de 1,5° C": Resumo para Professores.

Guo, H., Deng, S., Yang, J., Liu, J., Nie, C., 2020. Análise e previsão da conservação de energia industrial em regiões subdesenvolvidas da China utilizando um modelo cinzento de pré-processamento de dados. Energy Policy 139, 111244.

Guo, J., Zhang, Y.-J., Zhang, K.-B., 2018. Os sectores-chave para a conservação de energia e a redução das emissões de carbono na China: dados do método input-output. Journal of Cleaner Production 179, 180-190.

Hammoudeh, S., Nguyen, D.K., Sousa, R.M., 2014. Preços da energia e preços das licenças de emissão de CO2: uma abordagem de regressão quantílica.

Energy Policy 70, 201-206. https://doi.org/10.1016/j.enpol.2014.03.026

Hamzacebi, C., Es, H.A., 2014a. Previsão do consumo anual de eletricidade da Turquia utilizando um modelo cinzento optimizado. Energia 70, 165-171.

Hamzacebi, C., Es, H.A., 2014b. Previsão do consumo anual de eletricidade da Turquia utilizando um modelo cinzento optimizado. Energy 70, 165-171. https://doi.org/10.1016/j.energy.2014.03.105

Hamzacebi, C., Es, H.A., 2014c. Previsão do consumo anual de eletricidade da Turquia utilizando um modelo cinzento optimizado. Energia 70, 165-171.

Hamzacebi, C., Es, H.A., 2014d. Previsão do consumo anual de eletricidade da Turquia utilizando um modelo cinzento optimizado. Energia 70, 165-171.

Hamzacebi, C., Karakurt, I., 2015. Previsão das emissões de CO2 relacionadas com a energia da Turquia utilizando um modelo de previsão cinzento. Fontes de energia, parte A: recuperação, utilização e efeitos ambientais 37, 1023-1031.

Hansen, C., Daim, T., Ernst, H., Herstatt, C., 2016. O futuro da automação ferroviária: um roteiro tecnológico baseado em cenários para o mercado da automação ferroviária. Technological Forecasting and Social Change 110, 196-212. https://doi.org/10.1016/j.techfore.2015.12.017

Hong, T., Jeong, K., Koo, C., 2018. Um modelo de programação de expressão gênica otimizado para prever as emissões nacionais de CO2 em 2030 usando os algoritmos metaheurísticos. Energia aplicada 228, 808-820.

Hossain, M.S., 2011a. Estimativa de painel para emissões de CO2, consumo de energia, crescimento económico, abertura comercial e urbanização de países recentemente industrializados. Política energética 39, 6991-6999.

Hossain, M.S., 2011b. Estimativa de painel para emissões de CO2, consumo de energia, crescimento económico, abertura comercial e urbanização de países recentemente industrializados. Política energética 39, 6991-6999.

Hosseini, S.M., Saifoddin, A., Shirmohammadi, R., Aslani, A., 2019. Previsão das emissões de CO2 no Irão com base em séries cronológicas e análise de regressão. Relatórios sobre Energia 5, 619-631.

Hu, Y.-C., Jiang, P., Tsai, J.-F., Yu, C.-Y., 2021. Um modelo de previsão cinza fracionário otimizado para a previsão de emissões de dióxido de carbono. Revista Internacional de Investigação Ambiental e Saúde Pública 18, 587.

Indonésia, P.R., 1999. Peraturan Pemerintah No. 41 Tahun 1999 Tentang: Pengendalian Pencemaran Udara. No. 41, 1-34.

Jabeen, G., Ahmad, M., Zhang, Q., 2021. Fatores críticos percebidos que afetam a intenção dos consumidores de comprar tecnologias de geração renovável: heterogeneidade rural-urbana. Energia 218, 119494. https://doi.org/10.1016/j.energy.2020.119494

Jang, J.-S., 1993. ANFIS: sistema de inferência fuzzy baseado em rede adaptativa. IEEE transactions on systems, man, and cybernetics 23, 665-685.

Ji, Q., Zhang, D., Geng, J., 2018. Ligação de informações, repercussões dinâmicas nos preços e volatilidade entre os mercados de carbono e energia. Journal of Cleaner Production 198, 972-978. https://doi.org/10.1016/j.jclepro.2018.07.126

Johansen, S., 1991. Estimation and Hypothesis Testing of Cointegration Vectors in Gaussian Vetor Autoregressive Models. Econometrica 59, 1551-1580. https://doi.org/10.2307/2938278

Johansen, S., 1988. Análise estatística de vectores de cointegração. Journal of Economic Dynamics and Control 12, 231-254. https://doi.org/10.1016/0165-1889(88)90041-3

Josephine, K.W.N., 2007. Impacto das alterações climáticas na agricultura em África até 2030. Investigação Científica e Ensaios 2, 238-243.

Kayacan, E., Ulutas, B., Kaynak, O., 2010. Modelos baseados na teoria dos sistemas cinzentos para a previsão de séries cronológicas. Sistemas especializados com aplicações 37, 1784-1789.

Kaynar, O., Yilmaz, I., Demirkoparan, F., 2011. Previsão do consumo de gás natural com rede neural e sistema neuro-fuzzy. Ciência e Tecnologia da Educação em Energia Parte A: Ciência e Investigação em Energia 26, 221-238.

Khobai, H.B., Le Roux, P., 2017. A relação entre o consumo de energia, o crescimento económico e a emissão de dióxido de carbono: o caso da África do Sul. Jornal Internacional de Economia e Política Energética 7, 102-109.

Kivyiro, P., Arminen, H., 2014. Emissões de dióxido de carbono, consumo de energia, crescimento económico e investimento direto estrangeiro: análise de causalidade para a África Subsariana. Energia 74, 595-606.

Köne, A.Ç., Büke, T., 2010. Previsão das emissões de CO2 provenientes da combustão de combustíveis utilizando a análise de tendências. Renewable and Sustainable Energy Reviews 14, 2906-2915.

Kubáňová, J., Kubasáková, I., Dočkalik, M., 2021. Análise da frota de veículos na UE no que diz respeito às normas de emissões. Transportation Research Procedia, Conferência Científica Internacional "Horizontes do Transporte Ferroviário 2020" 53, 180-187. https://doi.org/10.1016/j.trpro.2021.02.024

Leimbach, M., Roming, N., Schultes, A., Schwerhoff, G., 2018. Perspectivas de desenvolvimento a longo prazo da África Subsariana no âmbito das políticas climáticas. Ecological Economics 144, 148-159. https://doi.org/10.1016/j.ecolecon.2017.07.033

Li, A., Peng, D., Wang, D., Yao, X., 2017. Comparação dos efeitos regionais das políticas climáticas para promover os combustíveis não fósseis na China. Energia 141, 1998-2012.

Li, B., Haneklaus, N., 2022. Reduzir as emissões de CO2 nos países do G7: O papel do consumo de energia limpa, abertura comercial e urbanização. Energy Reports, 2021 International Conference on New Energy and Power Engineering 8, 704-713. https://doi.org/10.1016/j.egyr.2022.01.238

Li, K., Fang, L., He, L., 2020. O impacto do preço da energia nas emissões de CO2 na China: uma análise econométrica espacial. Science of The Total Environment 706, 135942. https://doi.org/10.1016/j.scitotenv.2019.135942

Liu, Z., Deng, Z., Davis, S.J., Giron, C., Ciais, P., 2022. Monitorização das emissões globais de carbono em 2021. Nat Rev Earth Environ 3, 217-219. https://doi.org/10.1038/s43017-022-00285-w

Lotfalipour, M.R., Falahi, M.A., Ashena, M., 2010. Economic growth, CO2 emissions, and fossil fuels consumption in Iran [Crescimento económico, emissões de CO2 e consumo de combustíveis fósseis no Irão]. Energy 35, 5115-5120. https://doi.org/10.1016/j.energy.2010.08.004

Mahmood, H., Alkhateeb, T.T.Y., Furqan, M., 2020. Setor petrolífero e emissões de CO2 na Arábia Saudita: análise de assimetria. Palgrave Commun 6, 1-10. https://doi.org/10.1057/s41599-020-0470-z

Mahmood, H., Asadov, A., Tanveer, M., Furqan, M., Yu, Z., 2022. Impacto do preço do petróleo, crescimento económico e urbanização nas emissões de CO2 nos países do CCG: Asymmetry Analysis. Sustainability 14, 4562. https://doi.org/10.3390/su14084562

Majeed, A., Wang, L., Zhang, X., Muniba, Kirikkaleli, D., 2021. Modelagem das ligações dinâmicas entre recursos naturais, globalização económica, consumo de energia desagregado e qualidade ambiental:

novas evidências das economias do GCC. Resources Policy 73, 102204. https://doi.org/10.1016/j.resourpol.2021.102204
Malik, A., Hussain, E., Baig, S., Khokhar, M.F., 2020. Previsão das emissões de CO2 provenientes do consumo de energia no Paquistão em diferentes cenários: o corredor económico China-Paquistão. Gases com efeito de estufa: Ciência e Tecnologia 10, 380-389.
Malik, M.Y., Latif, K., Khan, Z., Butt, H.D., Hussain, M., Nadeem, M.A., 2020. Symmetric and asymmetric impact of oil price, FDI and economic growth on carbon emission in Pakistan: Evidence from ARDL and non-linear ARDL approach. Science of The Total Environment 726, 138421. https://doi.org/10.1016/j.scitotenv.2020.138421
Mardani, A., Streimikiene, D., Nilashi, M., Arias Aranda, D., Loganathan, N., Jusoh, A., 2018. Consumo de energia, crescimento económico e emissões de CO2 nos países do G20: aplicação do sistema de inferência neuro-fuzzy adaptativo. Energias 11, 2771.
Martínez-Jaramillo, J.E., Arango-Aramburo, S., Álvarez-Uribe, K.C., Jaramillo-Álvarez, P., 2017. Avaliação dos impactos das políticas de transporte através da simulação do sistema energético: o caso da Área Metropolitana de Medellín, Colômbia. Energy Policy 101, 101-108. https://doi.org/10.1016/j.enpol.2016.11.026
Mavrotas, G., Kelly, R., 2001. Old wine in new bottles: Testing causality between savings and growth. The Manchester School 69, 97-105.
Mbainaissem Peurdoum, R., n.d. RELATÓRIO NACIONAL DO CHADE [Documento WWW]. URL https://docplayer.fr/13917919-Rapport-national-du-tchad.html (acedido em 26.03.23).
Meng, G., Guo, Z., Li, J., 2021. A ligação dinâmica entre urbanização, industrialização e emissões de carbono na China: percepções do efeito espácio-temporal.

Science of The Total Environment 760, 144042. https://doi.org/10.1016/j.scitotenv.2020.144042

Meng, M., Niu, D., 2011. Modelação das emissões de CO2 provenientes da combustão de combustíveis fósseis utilizando a equação logística. Energia 36, 3355-3359.

Meng, M., Niu, D., Shang, W., 2012. Emissões de CO2 e desenvolvimento económico: o 12.º plano quinquenal da China. Política Energética 42, 468-475.

Mensah, I.A., Sun, M., Gao, C., Omari-Sasu, A.Y., Zhu, D., Ampimah, B.C., Quarcoo, A., 2019. Análise sobre o nexo de crescimento económico, consumo de energia de combustíveis fósseis, emissões de CO2 e preço do petróleo em África com base numa abordagem ARDL do painel PMG. Journal of Cleaner Production 228, 161-174. https://doi.org/10.1016/j.jclepro.2019.04.281

MESTECC, 2018. Malásia: Terceira comunicação nacional e segundo relatório bienal de atualização à CQNUAC.

Miller, G.T., Spoolman, S., 2011. Living in the environment: principles, connections, and solutions (Viver no ambiente: princípios, ligações e soluções). Cengage Learning.

Narayan, P.K., 2005. The saving and investment nexus for China: evidence from cointegration tests. Applied Economics 37, 1979-1990. https://doi.org/10.1080/00036840500278103

Nnaji, C.E., Chukwu, J.O., Nnaji, M., 2013. Fornecimento de eletricidade, consumo de combustíveis fósseis, emissões de CO2 e crescimento económico: implicações e opções políticas para o desenvolvimento sustentável na Nigéria. Revista Internacional de Economia e Política Energética 3, 262-271.

Odhiambo, N.M., 2009. Consumo de energia e nexo de crescimento económico na Tanzânia: uma abordagem de teste de limites ARDL. Energy Policy

37, 617-622. https://doi.org/10.1016/j.enpol.2008.09.077
Ofosu-Adarkwa, J., Xie, N., Javed, S.A., 2020. Previsão das emissões de CO2 da indústria de cimento da China utilizando um modelo híbrido Verhulst-GM (1, N) e a conversão técnica das emissões. Renewable and Sustainable Energy Reviews 130, 109945.
Onat, N.C., Kucukvar, M., Tatari, O., 2014. Rumo à avaliação da sustentabilidade do ciclo de vida de veículos de passageiros alternativos. Sustainability 6, 9305-9342.
Organização Meteorológica Mundial, 2021. Alterações climáticas em 2020: indicadores e impactos cada vez mais alarmantes [Documento WWW]. URL https://public.wmo.int/fr/medias/communiqu%C3%A9s-de-presse/changement-climatique-en-2020-des-indicateurs-et-des-effets-de-plus-en (acedido em 9.19.22).
Ozcan, B., 2013. O nexo entre as emissões de carbono, o consumo de energia e o crescimento económico nos países do Médio Oriente: uma análise de dados de painel. Política Energética 62, 1138-1147.
Özmen, A., Yılmaz, Y., Weber, G.-W., 2018. Previsão do consumo de gás natural com os modelos MARS e CMARS para utilizadores residenciais. Economia da Energia 70, 357-381.
Pachauri, R.K., Meyer, L.A., 2014. Alterações Climáticas 2014: Relatório de Síntese. Contribuição dos Grupos de Trabalho I, II e III para o Quinto Relatório de Avaliação do Painel Intergovernamental sobre as Alterações Climáticas.
Pai, T.-Y., Lo, H.-M., Wan, T.-J., Chen, L., Hung, P.-S., Lo, H.-H., Lai, W.-J., Lee, H.-Y., 2015. Previsão das emissões de poluentes atmosféricos de um incinerador médico utilizando um modelo cinzento e uma rede neural. Applied Mathematical Modelling 39, 1513-1525.

Pao, H.-T., Fu, H.-C., Tseng, C.-L., 2012. Previsão das emissões de CO2, do consumo de energia e do crescimento económico na China utilizando um modelo cinzento melhorado. Energia 40, 400-409.

Pérez-Suárez, R., López-Menéndez, A.J., 2015. Crescer verde ? Previsão das emissões de CO2 com curvas de Kuznets ambientais e modelos de crescimento logístico. Environmental Science & Policy 54, 428-437.

Pesaran, M.H., Shin, Y., Smith, R.J., 2001. Abordagens de teste de limites para a análise de relações de nível. J. Appl. Econ. 16, 289-326. https://doi.org/10.1002/jae.616

Piecyk, M.I., McKinnon, A.C., 2010. Forecasting the carbon footprint of road freight transport in 2020 [Previsão da pegada de carbono do transporte rodoviário de mercadorias em 2020]. International Journal of Production Economics 128, 31-42.

Pita, P., Chunark, P., Limmeechokchai, B., 2017. Perspetiva de redução de CO2 no sector dos transportes da Tailândia até 2030. Energy Procedia 138, 635-640.

Pita, P., Winyuchakrit, P., Limmeechokchai, B., 2020. Análise dos factores que afectam o consumo de energia e as emissões de CO2 no transporte rodoviário de passageiros da Tailândia. Heliyon 6, e05112. https://doi.org/10.1016/j.heliyon.2020.e05112

Poumanyvong, P., Kaneko, S., 2010. Does urbanization lead to less energy use and lower CO2 emissions ? A cross-country analysis. Ecological Economics, Secção Especial: Ecological Distribution Conflicts 70, 434-444. https://doi.org/10.1016/j.ecolecon.2010.09.029

Qiao, W., Lu, H., Zhou, G., Azimi, M., Yang, Q., Tian, W., 2020. Um algoritmo híbrido para a previsão de emissões de dióxido de carbono baseado num optimizador de enxame de leões melhorado. Journal of Cleaner Production 244, 118612.

Qiao, X., Xiao, W., Jaffe, D., Kota, S.H., Ying, Q., Tang, Y., 2015. Deposição atmosférica húmida de enxofre e azoto na reserva natural nacional de Jiuzhaigou, província de Sichuan, China. Ciência do Ambiente Total 511, 28-36.

Sadorsky, P., 2009. Consumo de energias renováveis, emissões de CO2 e preços do petróleo nos países do G7. Energy Economics 31, 456-462. https://doi.org/10.1016/j.eneco.2008.12.010

Santos, G., 2017a. Transporte rodoviário e emissões de CO2: quais são os desafios? Transport Policy 59, 71-74. https://doi.org/10.1016/j.tranpol.2017.06.007

Santos, G., 2017b. Transporte rodoviário e emissões de CO2: quais são os desafios? Transport Policy 59, 71-74. https://doi.org/10.1016/j.tranpol.2017.06.007

Sapnken, E.F., 2018. Modelagem e previsão do consumo de gasolina nos Camarões usando modelos de regressão linear, em: Modelagem e previsão do consumo de gasolina nos Camarões usando modelos de regressão linear: Sapnken, Emmanuel Flavian.

Sapnken, F.E., 2023. Um novo modelo híbrido multivariado cinzento baseado em algoritmos genéticos de otimização e sua aplicação na previsão da procura de produtos petrolíferos. Sistemas Cinzentos: Teoria e Aplicação 13, 406-420.

Sapnken, F.E., Ahmat, K.A., Boukar, M., Biobiongono Nyobe, S.L., Tamba, J.G., 2022. Previsão do consumo de produtos petrolíferos no sector doméstico dos Camarões utilizando um modelo GMC sequencial (1, n) optimizado por algoritmos genéticos. Heliyon 8, e12138. https://doi.org/10.1016/j.heliyon.2022.e12138

Sapnken, F.E., Tamba, J.G., 2022. Previsão do consumo de produtos petrolíferos com base num novo modelo estrutural auto-adaptativo de previsão cinzenta inteligente. Sistemas Periciais com Aplicações 203, 117579.

Sawitri, E., Hardiman, G., Buchori, I., 2017. A diferença de nível de emissões de CO2 do sector dos transportes entre os dias de semana e os dias de fim de semana no centro da cidade de Pemalang. IOP Conf. Ser: Earth Environ. Sci. 70, 012010. https://doi.org/10.1088/1755-1315/70/1/012010

Schipper, L., Saenger, C., Sudardshan, A., 2011. Transport and Carbon Emissions in the United States: The Long View. Energies 4, 563-581. https://doi.org/10.3390/en4040563

Shahbaz et al. 2014. Crescimento económico, consumo de eletricidade, urbanização e relação com a degradação ambiental nos Emirados Árabes Unidos. Ecological Indicators 45, 622-631. https://doi.org/10.1016/j.ecolind.2014.05.022

Shahbaz, M., Loganathan, N., Muzaffar, A.T., Ahmed, K., Ali Jabran, M., 2016. Como a urbanização afeta as emissões de CO2 na Malásia? A aplicação do modelo STIRPAT. Renewable and Sustainable Energy Reviews 57, 83-93. https://doi.org/10.1016/j.rser.2015.12.096

Shan, S., Ahmad, M., Tan, Z., Adebayo, T.S., Man Li, R.Y., Kirikkaleli, D., 2021. O papel dos preços da energia e da descentralização fiscal não linear na limitação das emissões de carbono: Acompanhar a sustentabilidade ambiental. Energia 234, 121243. https://doi.org/10.1016/j.energy.2021.121243

Shen, Q.-Q., Cao, Y., Yao, L.-Q., Zhu, Z.-K., 2021. Um modelo de convolução multivariável cinza discreto otimizado e suas aplicações. Comp. Appl. Math. 40, 58. https://doi.org/10.1007/s40314-021-01448-z

Sobrino, N., Monzon, A., 2014. O impacto da crise económica e das acções políticas nas emissões de GEE do transporte rodoviário em Espanha. Política Energética 74, 486-498. https://doi.org/10.1016/j.enpol.2014.07.020

Solaymani, S., 2019. Padrões de emissões de CO2 nas 7 principais economias emissoras de carbono: o caso do sector dos transportes. Energia 168, 989-1001. https://doi.org/10.1016/j.energy.2018.11.145

Solaymani, S., Kardooni, R., Kari, F., Yusoff, S.B., 2015. Economic and environmental impacts of energy subsidy reform and oil price shock on the Malaysian transport sector. Travel Behaviour and Society 2, 65-77.

Solís, J.C., Sheinbaum, C., 2013. Consumo de energia e tendências de emissão de gases de efeito estufa no transporte rodoviário mexicano. Energy for Sustainable Development 17, 280-287. https://doi.org/10.1016/j.esd.2012.12.001

Sun, W., Liu, M., 2016. Previsão e análise das emissões de CO2 das três principais indústrias e do consumo residencial com base na máquina de vectores de apoio de mínimos quadrados na China. Journal of Cleaner Production 122, 144-153.

Sun, W., Wang, C., Zhang, C., 2017. Análise de fatores e previsão de emissões de CO2 em Hebei, usando máquina de aprendizado extremo com base na otimização de enxame de partículas. Jornal de produção mais limpa 162, 1095-1101.

Tamba, J.G., Njomo, D., Limanond, T., Ntsafack, B., 2012. Análise de causalidade do consumo de gasóleo e do crescimento económico nos Camarões. Energy Policy 45, 567-575. https://doi.org/10.1016/j.enpol.2012.03.006

TCNTCC, 2020. Terceira Comunicação Nacional do Chade sobre as Alterações Climáticas, República do Chade.

Teter, J., 2020. Acompanhamento dos transportes em 2020.

Tien, T.-L., 2012. Uma investigação sobre o modelo de previsão cinzenta GM (1, n). Matemática aplicada e computação 218, 4903-4916.

Toda, H.Y., Yamamoto, T., 1995. Inferência estatística em autoregressões vectoriais com processos possivelmente integrados. Journal of Econometrics 66, 225-250. https://doi.org/10.1016/0304-4076(94)01616-8

Tseng, F.-M., Yu, H.-C., Tzeng, G.-H., 2001. Modelo híbrido cinzento aplicado à previsão de séries cronológicas sazonais. Technological Forecasting and Social Change 67, 291-302. https://doi.org/10.1016/S0040-1625(99)00098-0

Tsiakmakis, S., Fontaras, G., Ciuffo, B., Samaras, Z., 2017. Uma metodologia baseada em simulação para quantificar as emissões de CO2 da frota europeia de automóveis de passageiros. Applied Energy 199, 447-465. https://doi.org/10.1016/j.apenergy.2017.04.045

Udemba, E.N., Yalçıntaş, S., 2021. Força de interação do investimento estrangeiro direto (IED), recursos naturais e crescimento econômico na determinação do desempenho ambiental: Uma abordagem de defasagem distribuída autorregressiva não linear (NARDL). Política de Recursos 73, 102168. https://doi.org/10.1016/j.resourpol.2021.102168

Ulucak, R., Khan, S.U.-D., 2020. Determinantes da pegada ecológica: papel das energias renováveis, recursos naturais e urbanização. Cidades e Sociedade Sustentáveis 54, 101996.

Umar, M., Ji, X., Kirikkaleli, D., Alola, A.A., 2021. A imperatividade da qualidade ambiental no sector dos transportes dos Estados Unidos num contexto de consumo e crescimento de energia fóssil de biomassa. Journal of Cleaner Production 285, 124863. https://doi.org/10.1016/j.jclepro.2020.124863

ONU, 1992. The United Nations Framework Convention on Climate Change 1 Review of European, Comparative & International Environmental Law 1992 [Documento WWW]. URL

https://heinonline.org/HOL/LandingPage?handle=hein.journals/reel1&div=50&id=&page= (acedido em 28.09.22).
UNFCCC, U.F.C. em C.C., 2009. Manual de Referência do Protocolo de Quioto sobre a Contabilização das Emissões e a Quantidade Atribuída (Documento de Trabalho). eSocialSciences.
Uzair Ali, M., Gong, Z., Ali, M.U., Asmi, F., Muhammad, R., 2022. Emissão de CO2, desenvolvimento económico, consumo de combustíveis fósseis e densidade populacional na Índia, Paquistão e Bangladesh: uma investigação de painel. International Journal of Finance & Economics 27, 18-31. https://doi.org/10.1002/ijfe.2134
Van der Zwaan, B., Kober, T., Dalla Longa, F., van der Laan, A., Kramer, G.J., 2018. Uma avaliação integrada das vias para o desenvolvimento com baixo teor de carbono em África. Política Energética 117, 387-395.
Wang, K.-H., Su, C.-W., Lobonţ, O.-R., Umar, M., 2021. Se a dependência do petróleo bruto e as emissões de CO2 influenciam as despesas militares em países importadores líquidos de petróleo? Política Energética 153, 112281. https://doi.org/10.1016/j.enpol.2021.112281
Wang, Q., Li, S., Li, R., 2018. Previsão da procura de energia na China e na Índia: Utilização de técnicas de previsão de séries temporais mono-lineares, híbridas-lineares e não-lineares. Energy 161, 821-831. https://doi.org/10.1016/j.energy.2018.07.168
Wang, Q., Li, S., Pisarenko, Z., 2020. Modelação da trajetória das emissões de carbono da China, dos EUA e da Índia. Journal of Cleaner Production 258, 120723. https://doi.org/10.1016/j.jclepro.2020.120723
Wang, S., Li, G., Fang, C., 2018a. Urbanização, crescimento económico, consumo de energia e emissões de CO2: evidências empíricas de países

com diferentes níveis de rendimento. Renewable and Sustainable Energy Reviews 81, 2144-2159. https://doi.org/10.1016/j.rser.2017.06.025

Wang, S., Zeng, J., Huang, Y., Shi, C., Zhan, P., 2018b. Os efeitos da urbanização nas emissões de CO2 no Delta do Rio das Pérolas: Uma avaliação abrangente e análise de dados de painel. Energia Aplicada 228, 1693-1706. https://doi.org/10.1016/j.apenergy.2018.06.155

Wang, Z.-X., Ye, D.-J., 2017. Previsão das emissões de carbono chinesas provenientes do consumo de energia fóssil utilizando modelos multivariáveis cinzentos não lineares. Journal of Cleaner Production 142, 600-612.

WATHI, 2021. Apresentação geral do Chade. WATHI. URL https://www.wathi.org/contexte-election-tchad-2021/presentation-generale-du-tchad/ (acedido em 26.03.23).

Wen, L., Cao, Y., 2020. Análise de fatores de influência e previsão de emissões de CO2 relacionadas à energia residencial utilizando máquina de vetor de suporte otimizada. Jornal de Produção Mais Limpa 250, 119492.

Wolde-Rufael, Y., 2005. Procura de energia e crescimento económico: a experiência africana. Journal of Policy Modeling 27, 891-903.

Wolde-Rufael, Y., 2004. Consumo industrial desagregado de energia e PIB: o caso de Xangai, 1952-1999. Economia da energia 26, 69-75.

Instituto de Recursos Mundiais, 2022. Explorador de Dados | Climate Watch [Documento WWW]. URL https://www.climatewatchdata.org/data-explorer/historical-emissions?historical-emissions-data-sources=cait&historical-emissions-gases=all-ghg&historical-emissions-regions=All%20Selected&historical-emissions-sectors=total-excluding-lucf&page=1 (acedido em 9.19.22).

Wu, L., Liu, S., Fang, Z., Xu, H., 2015a. Propriedades do GM (1, 1) com acumulação de ordem fracionária. Matemática Aplicada e Computação 252, 287-293.

Wu, L., Liu, S., Liu, D., Fang, Z., Xu, H., 2015b. Modelação e previsão das emissões de CO2 nos países BRICS (Brasil, Rússia, Índia, China e África do Sul) utilizando um novo modelo cinzento multi-variável. Energia 79, 489-495.

Xie, M., Yan, S., Wu, L., Liu, Liying, Bai, Y., Liu, Linghui, Tong, Y., 2021. Um novo modelo cinzento multivariado reponderado e robusto para a previsão das emissões de gases com efeito de estufa. Journal of Cleaner Production 292, 126001.

Xie, W., Wu, W.-Z., Liu, C., Zhang, T., Dong, Z., 2021. Previsão de emissões de CO2 relacionadas à combustão de combustível por um novo modelo não linear cinza Bernoulli fracionário contínuo com otimizador de lobo cinza. Environ Sci Pollut Res 28, 38128-38144. https://doi.org/10.1007/s11356-021-12736-w

Xiong, P., Dang, Y., Yao, T., Wang, Z., 2014. Modelação e previsão óptimas do consumo e da produção de energia na China. Energia 77, 623-634.

Xu, G., Schwarz, P., Yang, H., 2019. Determinação do pico de emissões de CO2 da China com uma abordagem dinâmica de rede neural artificial não linear e análise de cenários. Energy Policy 128, 752-762. https://doi.org/10.1016/j.enpol.2019.01.058

Yu, S., Zheng, S., Li, X., Li, L., 2018. A China pode atingir o pico das suas emissões de carbono relacionadas com a energia antes de 2025: Evidências da reestruturação da indústria. Energy Economics 73, 91-107. https://doi.org/10.1016/j.eneco.2018.05.012

Yuan, J., Xu, Y., Hu, Z., Zhao, C., Xiong, M., Guo, J., 2014. Pico de consumo de energia e emissões de CO2 na China. Energy Policy 68, 508-523. https://doi.org/10.1016/j.enpol.2014.01.019

Zapata, H.O., Rambaldi, A.N., 1997. Monte Carlo evidence on cointegration and causation (Provas de Monte Carlo sobre cointegração e causalidade). Oxford Bulletin of Economics and Statistics 59, 285-298.

Zeeshan, M., han, J., Rehman, A., Ullah, I., Hussain, A., Alam Afridi, F.E., 2022. Exploring symmetric and asymmetric nexus between corruption, political instability, natural resources and economic growth in the context of Pakistan. Resources Policy 78, 102785. https://doi.org/10.1016/j.resourpol.2022.102785

Zhang, C., Nian, J., 2013. Estimativa de painel para as emissões de CO2 do sector dos transportes e seus factores de influência: Uma análise regional na China. Política Energética 63, 918-926.

Zhang, C., Tian, H., Pan, S., Lockaby, G., Chappelka, A., 2014. Controles multifatoriais na dinâmica do carbono terrestre em áreas urbanizadas. Biogeosciences 11, 7107-7124. https://doi.org/10.5194/bg-11-7107-2014

Zhang, L., Long, R., Chen, H., Geng, J., 2019. Uma revisão das emissões de carbono do tráfego rodoviário da China. Journal of Cleaner Production 207, 569-581. https://doi.org/10.1016/j.jclepro.2018.10.003

Zhang, Q., Li, Z., Wang, G., Li, H., 2016. Estudo sobre os impactos do custo do fornecimento de gás natural no fluxo de gás e na implantação de infra-estruturas na China. Applied Energy 162, 1385-1398.

Zhang, S., Hu, T., Li, J., Cheng, C., Song, M., Xu, B., Baležentis, T., 2019. Os efeitos do preço da energia, tecnologia e choques de desastres no sistema Energia-Ambiente-Economia da China. Journal of Cleaner Production 207, 204-213. https://doi.org/10.1016/j.jclepro.2018.09.256

Zhang, X.-P., Cheng, X.-M., 2009. Consumo de energia, emissões de carbono e crescimento económico na China. Ecological Economics 68, 2706-2712. https://doi.org/10.1016/j.ecolecon.2009.05.011

Zhang, Y.-J., Sun, Y.-F., Huang, J., 2018. Eficiência energética, desempenho das emissões de carbono e lacunas tecnológicas: Evidências do investimento em projectos MDL. Política Energética 115, 119-130. https://doi.org/10.1016/j.enpol.2017.12.056

Zhao, H., Huang, G., Yan, N., 2018. Previsão de emissões de CO2 relacionadas à energia empregando um novo modelo SSA-LSSVM: considerando fatores estruturais na China. Energias 11, 781.

Zhao, X., Du, D., 2015. Forecasting carbon dioxide emissions (Previsão das emissões de dióxido de carbono). Journal of Environmental Management 160, 39-44. https://doi.org/10.1016/j.jenvman.2015.06.002

ARTIGOS CIENTÍFICOS BASEADOS NESTA TESE

APÊNDICES

A. 1 ESTABILIDADE DA VARIÁVEL LCO_2

A.1.1 Teste Dickey-Fuller Aumentado (ADF)

Teste de nível		Estatística t	Prob.*
Teste estatístico de Dickey-Fuller aumentado		-3.384909	0.0386
Testar valores críticos:	Nível de 1%	-4.297073	
	Nível de 5%	-3.212696	
	Nível de 10%	-2.747676	

A.1.2 Teste de Phillips-Perron

Teste de nível		Adj. t-Stat	Prob.*
Estatística do teste de Phillips-Perron		-4.500640	0.0063
Testar valores críticos:	Nível de 1%	-4.200056	

	Nível de 5%	-3.175352	
	Nível de 10%	-2.728985	

A.2ESTACIONARIEDADE DA VARIÁVEL LCSU

A.2.1 Teste de Dickey-Fuller Aumentado

Teste de nível		Estatística t	Prob.*
Teste estatístico de Dickey-Fuller aumentado		1.628491	0.9649
Testar valores críticos:	Nível de 1%	-2.792154	
	Nível de 5%	-1.977738	
	Nível de 10%	-1.602074	

Teste da primeira diferença	Estatística t	Prob.*
Teste estatístico de Dickey-Fuller aumentado	-1.918898	0.0476

Testar valores críticos:	Nível de 1%	-2.816740	
	Nível de 5%	-1.882344	
	Nível de 10%	-1.601144	

A.2.2 Teste de Phillips-Perron

Teste de nível		Adj. t-Stat	Prob.*
Estatística do teste de Phillips-Perron		1.408526	0.9492
Testar valores críticos:	Nível de 1%	-2.792154	
	Nível de 5%	-1.977738	
	Nível de 10%	-1.602074	

Teste da primeira diferença		Adj. t-Stat	Prob.*
Estatística do teste de Phillips-Perron		-1.918898	0.0476

Testar valores críticos:	Nível de 1%	-2.816740
	Nível de 5%	-1.882344
	Nível de 10%	-1.601144

*Valores p unilaterais de MacKinnon (1996).

A.3 TESTE DE ESTACIONARIEDADE PARA A VARIÁVEL LCGA

A.3.1 Teste de Dickey-Fuller Aumentado

Teste de nível		Estatística t	Prob.*
Teste estatístico de Dickey-Fuller aumentado		-3.118058	0.0440
Testar valores críticos:	Nível de 1%	-4.200056	
	Nível de 5%	-3.075352	
	Nível de 10%	-2.728985	

A.3.2 Teste de Phillips-Perron

Teste de nível		Adj. t-Stat	Prob.*
Teste estatístico de Phillips-Perron		-3.118058	0.0440
Testar valores críticos:	Nível de 1%	-4.200056	
	Nível de 5%	-3.075352	
	Nível de 10%	-2.728985	

A.4ESTACIONARIEDADE DA VARIÁVEL LPSU

A.4.1 Teste de Dickey-Fuller aumentado

Teste de nível		Estatística t	Prob.*
Teste estatístico de Dickey-Fuller aumentado		-0.420176	0.5077
Testar valores críticos:	Nível de 1%	-2.792154	
	Nível de 5%	-1.977738	
	Nível de 10%	-1.602074	

Teste da primeira diferença		Estatística t	Prob.*
Teste estatístico de Dickey-Fuller aumentado		-4.360205	0.0006
Testar valores críticos:	Nível de 1%	-2.816740	
	Nível de 5%	-1.982344	
	Nível de 10%	-1.601144	

*Valores p unilaterais de MacKinnon (1996).

A.4.2 Teste de Phillips-Perron

Teste de nível		Adj. t-Stat	Prob.*
Estatística do teste de Phillips-Perron		-0.680317	0.3990
Testar valores críticos:	Nível de 1%	-2.792154	
	Nível de 5%	-1.977738	
	Nível de 10%	-1.602074	

Teste da primeira diferença		Adj. t-Stat	Prob.*
Estatística do teste de Phillips-Perron		-4.498845	0.0004
Testar valores críticos:	Nível de 1%	-2.816740	
	Nível de 5%	-1.982344	
	Nível de 10%	-1.601144	

A.5ESTACIONARIEDADE DA VARIÁVEL LPGA

A.5.1 Teste de Dickey-Fuller aumentado

Teste de nível		Estatística t	Prob.*
Teste estatístico de Dickey-Fuller aumentado		-0.943847	0.2844
Testar valores críticos:	Nível de 1%	-2.816740	
	Nível de 5%	-1.982344	
	Nível de 10%	-1.601144	

Teste da primeira diferença		Estatística t	Prob.*
Teste estatístico de Dickey-Fuller aumentado		-4.674892	0.0003
Testar valores críticos:	Nível de 1%	-2.816740	
	Nível de 5%	-1.982344	
	Nível de 10%	-1.601144	

A.5.2 Teste de Phillips-Perron

Teste de nível		Adj. t-Stat	Prob.*
Estatística do teste de Phillips-Perron		-0.650502	0.4123
Testar valores críticos:	Nível de 1%	-2.792154	
	Nível de 5%	-1.977738	
	Nível de 10%	-1.602074	

Teste da primeira diferença		Adj. t-Stat	Prob.*
Estatística do teste de Phillips-Perron		-4.640808	0.0004
Testar valores críticos:	Nível de 1%	-2.816740	
	Nível de 5%	-1.982344	
	Nível de 10%	-1.601144	

A.6 ESTACIONARIEDADE DA VARIÁVEL LPAU

A.6.1 Teste de Dickey-Fuller aumentado

Teste de nível		Estatística t	Prob.*
Teste estatístico de Dickey-Fuller aumentado		-0.763134	0.3625
Testar valores críticos:	Nível de 1%	-2.792154	
	Nível de 5%	-1.977738	
	Nível de 10%	-1.602074	

Teste da primeira diferença		Estatística t	Prob.*
Teste estatístico de Dickey-Fuller aumentado		-3.085982	0.0059
Testar valores críticos:	Nível de 1%	-2.816740	
	Nível de 5%	-1.982344	
	Nível de 10%	-1.601144	

A.6.2 Teste de Phillips-Perron

Teste de nível		Adj. t-Stat	Prob.*
Teste estatístico de Phillips-Perron		-1.442763	0.1130
Testar valores críticos:	Nível de 1%	-2.792154	
	Nível de 5%	-1.977738	
	Nível de 10%	-1.602074	

Teste da primeira diferença		Adj. t-Stat	Prob.*
Teste estatístico de Phillips-Perron		-4.311583	0.0006
Testar valores críticos:	Nível de 1%	-2.816740	
	Nível de 5%	-1.982344	
	Nível de 10%	-1.601144	

A.7ESTACIONARIEDADE DA VARIÁVEL LURB

A.7.1 Teste Dickey-Fuller Aumentado

Teste de nível		Estatística t	Prob.*
Teste estatístico de Dickey-Fuller aumentado		-3.537556	0.0308
Testar valores críticos:	Nível de 1%	-4.297073	
	Nível de 5%	-3.212696	
	Nível de 10%	-2.747676	

A.7.2 Teste de Phillips-Perron

Teste de nível		Adj. t-Stat	Prob.*
Teste estatístico de Phillips-Perron		1.798122	0.9738
Testar valores críticos:	Nível de 1%	-2.792154	
	Nível de 5%	-1.977738	
	Nível de 10%	-1.602074	

Teste da primeira diferença		Adj. t-Stat	Prob.*
Estatística do teste de Phillips-Perron		-1.968411	0.0487
Testar valores críticos:	Nível de 1%	-2.816740	
	Nível de 5%	-1.782344	
	Nível de 10%	-1.601144	

A.8 ESTIMAÇÃO DO MODELO ARDL

Modelo 1

Variável	Coeficiente	Erro Std. Erro	Estatística t	Prob.*
LCO2(-1)	1.530343	0.250280	6.114533	0.0088
LCSU	-0.044877	0.183946	-0.243968	0.8230
LCSU(-1)	-0.502506	0.094683	-5.307245	0.0131
LPSU	1.326800	0.241682	5.489869	0.0119
LPSU(-1)	-0.908701	0.257737	-3.525690	0.0388
LPAU	0.116668	0.083449	1.398072	0.2565
LPAU(-1)	0.077904	0.044183	1.763240	0.1761
LURB	1.414361	2.295467	0.616154	0.5814

R-quadrado	0.996824	Média var dependente	7.482181
R-quadrado ajustado	0.989413	S.D. var dependente	0.372969
S.E. da regressão	0.038377	Critério de informação de Akaike	-3.527468
Soma dos resíduos ao quadrado	0.004418	Critério de Schwarz	-3.238090

Probabilidade logarítmica	27.40107	Critério Hannan-Quinn.	-3.709881
Estatística de Durbin-Watson	2.907866		

Modelo 2

Variável	Coeficiente	Erro Std. Erro	Estatística t	Prob.*
LCO2(-1)	1.196371	0.604495	1.979125	0.1864
LCGA	0.102556	0.472682	0.216966	0.8484
LCGA(-1)	-0.363783	0.237313	-1.532924	0.2650
LPGA	2.083778	0.620590	3.357734	0.0784
LPGA(-1)	-1.178990	0.330604	-3.566165	0.0704
LPAU	0.245617	0.151936	1.616588	0.2474
LPAU(-1)	-0.145649	0.152750	-0.953513	0.4410
LURB	5.415729	2.177097	2.487592	0.1307
LURB(-1)	-7.715484	1.740924	-4.431833	0.0473
R-quadrado	0.996872	Média var dependente	7.482181	

R-quadrado ajustado	0.984359	S.D. var dependente	0.372969
S.E. da regressão	0.046644	Critério de informação de Akaike	-3.360913
Soma dos resíduos ao quadrado	0.004351	Critério de Schwarz	-3.035362
Probabilidade logarítmica	27.48502	Critério Hannan-Quinn.	-3.566127
Estatística de Durbin-Watson	2.107542		

A.9 RESULTADOS DO TESTE DE DIAGNÓSTICO DO MODELO ARDL E ESTABILIDADE DO MODELO

Modelo 1

Jarque-Bera (Teste de normalidade)

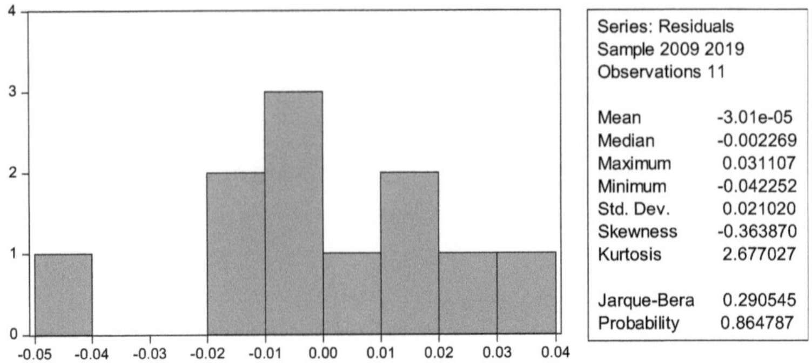

Teste LM de correlação serial de Breusch-Godfrey:

Estatística F	0.789029	Prob. F(1,2)	0.4681
Obs*R-quadrado	3.111951	Prob. Qui-quadrado(1)	0.0777

Teste de heterocedasticidade: Breusch-Pagan-Godfrey

Estatística F	0.285500	Prob. F(8,2)	0.9192
Obs*R-quadrado	5.864611	Prob. Qui-Quadrado(8)	0.6624
Escala explicada SS	0.366245	Prob. Qui-Quadrado(8)	1.0000

Teste de heteroskedasticidade: ARCH

Estatística F	0.659293	Prob. F(1,8)	0.4403
Obs*R-quadrado	0.761370	Prob. Qui-Quadrado(1)	0.3829

Teste Ramsey RESET

	Valor	df	Probabilidade
estatística t	0.485935	2	0.6750
Estatística F	0.236133	(1, 2)	0.6750

Modelo 2

Jarque-Bera (Teste de normalidade)

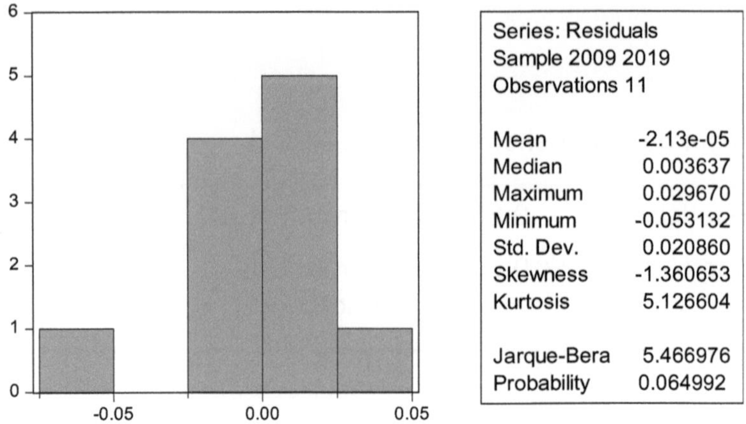

Teste LM de correlação serial de Breusch-Godfrey:

Estatística F	0.036703	Prob. F(1,1)	0.8795
Obs*R-quadrado	0.389434	Prob. Qui-quadrado(1)	0.5326

Teste de heterocedasticidade: Breusch-Pagan-Godfrey

Estatística F	2.071484	Prob. F(9,1)	0.4953
Obs*R-quadrado	10.44001	Prob. Qui-Quadrado(9)	0.3161
Escala explicada SS	0.713099	Prob. Qui-Quadrado(9)	0.9999

Teste de heteroskedasticidade: ARCH

Estatística F	0.081903	Prob. F(1,8)	0.7820
Obs*R-quadrado	0.101342	Prob. Qui-quadrado(1)	0.7502

Teste Ramsey RESET

	Valor	df	Probabilidade
estatística t	11.05936	1	0.0574
Estatística F	122.3094	(1, 1)	0.0574

A.10RESULTADOS DO TESTE DE CO-INTEGRAÇÃO

Modelo 1

Teste estatístico	Valor	Signif.	I(0)	I(1)
			Assintótico: n=1000	
Estatística F	27.39011	10%	1.9	3.01
k	4	5%	2.26	3.48
		2.5%	2.62	3.9
		1%	3.07	4.44

Modelo 2

Teste estatístico	Valor	Signif.	I(0)	I(1)
			Assintótico: n=1000	
Estatística F	31.33710	10%	1.9	3.01
k	4	5%	2.26	3.48
		2.5%	2.62	3.9
		1%	3.07	4.44

A.11 DINÂMICA A LONGO E A CURTO PRAZO

Modelo 1

Equação de níveis

Caso 1: Sem constante e sem tendência

Variável	Coeficiente	Erro Std. Erro	Estatística t	Prob.
LCSU	1.032130	0.255539	4.039035	0.0273
LPSU	-0.788356	0.409104	-1.927031	0.1496
LPAU	0.366880	0.123391	-2.973317	0.0589
LURB	-2.666882	3.881973	-0.686991	0.5414

Regressão ECM

Caso 1: Sem constante e sem tendência

Variável	Coeficiente	Erro Std. Erro	Estatística t	Prob.
D(LCSU)	-0.044877	0.035809	-1.253213	0.2989

D(LPSU)	1.326800	0.071525	18.55006	0.0003
D(LPAU)	0.116668	0.026959	4.327613	0.0227
CointEq(-1)*	-0.530343	0.029668	17.87600	0.0004

Modelo 2

Equação de níveis

Caso 1: Sem constante e sem tendência

Variável	Coeficiente	Erro Std. Erro	Estatística t	Prob.
LCGA	1.330279	1.235509	1.076705	0.3942
LPGA	-4.607556	9.953909	-0.462889	0.6889
LPAU	-0.509080	0.568267	-0.895847	0.4649
LURB	11.71130	37.89655	0.309034	0.7865

Regressão ECM

Caso 1: Sem constante e sem tendência

Variável	Coeficiente	Erro Std. Erro	Estatística t	Prob.
D(LCGA)	0.102556	0.037594	2.727982	0.1122
D(LPGA)	2.083778	0.082962	25.11736	0.0016
D(LPAU)	0.245617	0.028566	8.598376	0.0133
D(LURB)	5.415729	0.556560	9.730721	0.0104
CointEq(-1)*	-0.196371	0.009057	21.68079	0.0021

A.12 TESTE DE CAUSALIDADE DE TODA-YAMAMOTO

Modelo 1

Variável dependente: LCO2

Excluído	Qui-quadrado	df	Prob.
LCSU	5.710915	1	0.0091
LPSU	9.891653	1	0.0017
LPAU	0.754317	1	0.3851
LURB	0.229185	1	0.6321
Todos	11.23133	4	0.0241

Variável dependente: LCSU

Excluído	Qui-quadrado	df	Prob.
LCO2	0.021974	1	0.8822
LPSU	28.30917	1	0.0000
LPAU	0.637192	1	0.4247
LURB	0.023391	1	0.8784
Todos	35.02920	4	0.0000

Variável dependente: LPSU

Excluído	Qui-quadrado	df	Prob.
LCO2	11.44935	1	0.0007
LCSU	3.634907	1	0.0566
LPAU	2.090497	1	0.1482
LURB	0.004129	1	0.9488
Todos	22.36893	4	0.0002

Variável dependente: LPAU

Excluído	Qui-quadrado	df	Prob.
LCO2	3.167163	1	0.0751
LCSU	5.140884	1	0.0234
LPSU	0.223278	1	0.6366
LURB	6.070668	1	0.0137
Todos	6.195467	4	0.1850

Variável dependente: LURB

Excluído	Qui-quadrado	df	Prob.
LCO2	12.48507	1	0.0004
LCSU	2.114774	1	0.1459
LPSU	10.75021	1	0.0010
LPAU	0.042611	1	0.8365
Todos	70.70852	4	0.0000

Modelo 2

Variável dependente: LCO2

Excluído	Qui-quadrado	df	Prob.
LCGA	6.178338	1	0.0028
LPGA	8.720829	1	0.0031
LPAU	3.219594	1	0.0728
LURB	0.090894	1	0.7630
Todos	10.23227	4	0.0367

Variável dependente: LCGA

Excluído	Qui-quadrado	df	Prob.
LCO2	21.90388	1	0.0000
LPGA	1.754657	1	0.1853
LPAU	9.034819	1	0.0026
LURB	1.201672	1	0.2730
Todos	41.33283	4	0.0000

Variável dependente: LPGA

Excluído	Qui-quadrado	df	Prob.
LCO2	45.82942	1	0.0000
LCGA	9.454016	1	0.0021
LPAU	1.891916	1	0.1690
LURB	13.45406	1	0.0002
Todos	51.14815	4	0.0000

Variável dependente: LPAU

Excluído	Qui-quadrado	df	Prob.
LCO2	2.268332	1	0.1320

LCGA	2.487601	1	0.1147
LPGA	0.348337	1	0.5551
LURB	0.930078	1	0.3348
Todos	3.191431	4	0.5263

Variável dependente: LURB

Excluído	Qui-quadrado	df	Prob.
LCO2	21.45237	1	0.0000
LCGA	3.054399	1	0.0805
LPGA	13.22336	1	0.0003
LPAU	5.151011	1	0.0232
Todos	69.55314	4	0.0000

MIX
Papier aus verantwortungsvollen Quellen
Paper from responsible sources
FSC® C105338

Printed by Books on Demand GmbH, Norderstedt / Germany